轻松学会
远程办公

龙马高新教育　编著

人民邮电出版社

北　京

图书在版编目（CIP）数据

轻松学会远程办公 / 龙马高新教育编著. -- 北京：
人民邮电出版社，2020.9
ISBN 978-7-115-54385-1

Ⅰ．①轻… Ⅱ．①龙… Ⅲ．①办公自动化－应用软件
Ⅳ．①TP317.1

中国版本图书馆CIP数据核字(2020)第139786号

内 容 提 要

　　本书以不同场景下如何借助各种应用程序完成各类办公操作为主线，结合大量实际操作，引导读者学习，帮助读者顺利完成各项工作，成为远程办公达人。

　　本书共分为12章：第01章介绍远程办公的优势，带领大家认识远程办公；第02章给出搭建远程办公环境的方案；第03章介绍远程打卡的方法；第04章介绍保持团队及时高效沟通的方法；第05章介绍安排工作任务的方法；第06章和第07章介绍使用手机查看、编辑和批复文档的方法；第08章介绍快速准确实现文件传输、同步的方法；第09章介绍用手机收发邮件的方法；第10章介绍管理日程的方法；第11章介绍如何排除干扰、提升办公效率；第12章通过一天的远程办公实例，让读者体验远程办公。

　　本书不仅适合即将开始远程办公的人员使用，还适合作为远程办公人员的常备参考书，随时协助办公人员解决远程办公中遇到的各种难题。

　◆　编　　著　　龙马高新教育
　　　责任编辑　　李永涛
　　　责任印制　　马振武

　◆　人民邮电出版社出版发行　　北京市丰台区成寿寺路 11 号
　　　邮编　100164　　电子邮件　315@ptpress.com.cn
　　　网址　https://www.ptpress.com.cn
　　　大厂回族自治县聚鑫印刷有限责任公司印刷

　◆　开本：700×1000　1/16
　　　印张：16
　　　字数：317 千字　　　　　　　　　　2020 年 9 月第 1 版
　　　印数：1 - 2 000 册　　　　　　　2020 年 9 月河北第 1 次印刷

定价：49.80 元

读者服务热线：**(010)81055410**　印装质量热线：**(010)81055316**
反盗版热线：**(010)81055315**
广告经营许可证：京东市监广登字 20170147 号

远程办公正在逐渐地改变我们的生活，本书的主要作用是帮助职场人士随时随地利用各种智能设备和办公应用软件来提升办公效率。

为什么写这本书？

2020 年年初的疫情，让很多公司开启远程办公模式，远程办公成为大家关注的一个热点话题。

目前，办公应用软件百花齐放，只有选择合适的办公应用软件，才能提升办公效率。本书主要目的是打造一本能满足各行各业人员远程办公需求的图书，让远程办公人员少走弯路，提升远程办公效率。

远程办公的优势是什么？

采用远程办公，公司可以节约租房、购置设备和办公用品、水电及物业等多种费用；员工可以不必考虑公司地点，选择住在生活成本比较低的地方，甚至住在其他城市。如果可以实现远程办公，公司和员工都可以省下更多的钱。

此外，远程办公还可以节省时间，提高效率，更易于让公司吸引和留住优秀人才。

这本书适合什么人？

除了餐饮、客运等服务行业的从业人员，以及制造业等流水线员工外，大多数行业和公司的人员都可以远程办公，特别是职业经理人、作家、设计师等，更适合远程办公。

据某网站调查结果显示，直接或间接进行过远程办公的部分行业人员占比如下页图所示。

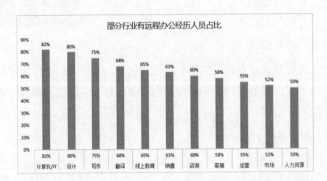

随着时代的发展与进步，远程办公会成为一种受欢迎的办公模式。

本书由龙马高新教育策划，周奎奎、张珏琳、黄莹编写。在本书的编写过程中，我们竭尽所能地为读者全面地介绍实用的远程办公方法，但仍难免有疏漏和不妥之处，敬请广大读者不吝指正。

龙马高新教育

2020.7

01 远程办公，让工作变得简单有趣

02 如何搭建远程办公环境

03 在家办公如何远程打卡

04 如何保持团队的及时高效沟通

05 如何高效安排工作任务

06 如何在手机上查看和批复文档

07 如何在手机上编辑办公文档

08 如何快速准确地实现文件的传输和同步

09 如何用手机收发邮件

10 如何让重要日程一件不落

11 自我管理：远程办公也需要仪式感

12 远程办公实践

01

远程办公，让工作变得
简单有趣

随着信息技术的迅猛发展，经济全球化的浪潮呼啸而来。越来越多的企业为了适应新经济时代的生存环境，开始精简机构、提高工作效率、降低办公成本，远程办公也将越来越普及。

1.1 远程办公真的很好吗？

远程办公分为"远程"和"办公"两个部分，是利用现代互联网技术实现非本地办公（异地办公、移动办公等）的一种新型办公模式。虽然远程办公目前来看还是一种比较新奇的工作模式，但无论员工还是公司，都会从远程办公中获益。

那么，远程办公到底有哪些优势呢？

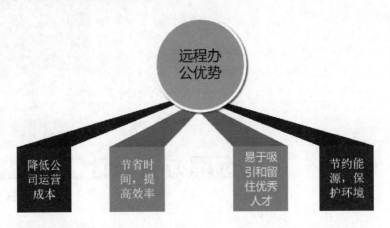

1. 降低公司运营成本

采用远程办公，公司可以不购置或租赁写字楼等办公场所，不购买办公设备，更不必支付因办公而产生的各种设施设备的维修费用、办公用品费用、水电费、物业费等；员工可以不必考虑公司地点，选择住在生活成本比较低的地方，甚至住在其他城市。如果可以实现远程办公，公司和员工都可以省下更多的钱。

2. 节省时间，提高效率

传统的办公是员工在固定的时间固定的场所集中办公，员工每个工作日要准点上下班，很多时间浪费在路上。采用远程办公，员工工作时间灵活，既节省时间，又能避免在上下班路上发生事故。在办公室里，员工会受外界环境干扰，思路被打断，可能会造成效率低下。从这个角度来说，采用远程办公，员工可以避免被干扰，专注于工作，大幅提高工作效率。

3. 易于吸引和留住优秀人才

采用远程办公，公司的招聘将不受地域限制，可以直接面向全国乃至全球各地。同时，远程办公可以为公司吸引和留住优秀的员工。传统办公的监督和工作方式会降低员工对工作的控制程度，而远程办公能够充分发挥员工的主观能动性，让团队更加有活力。远程办公还能为一些特殊群体提供方便，例如在家带小孩的妈妈们，如果没有远程办公，可能就不得不放弃工作，这对公司和个人家庭都是损失。另外，一些身体不便的残疾人士，可以充分利用远程办公来自食其力，减轻家庭和社会的负担。

4. 节约能源，保护环境

如果远程办公得到推广，将在很大程度上减少私家车、公交、地铁、电动车等交通工具的使用频率，降低能源消耗，对环保也会起到积极作用，在一定程度上解决或缓解雾霾、交通堵塞等一系列的社会问题。

但是，远程办公真正实施起来还存在以下的不足之处。

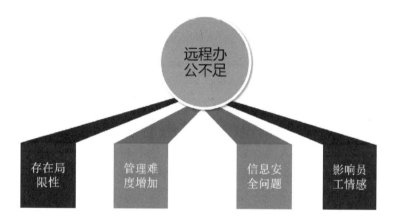

1. 存在局限性

并非所有项目都适合远程办公，例如生产型的项目，或者是需要操作大型精密仪器、多人协作、反复试验的研发项目。同样，并非所有人都能够在远程环境下自主工作，一些自控能力比较差的人，易受各种情况的影响，会降低办公效率。

2. 管理难度增加

实施远程管理，上级领导无法对下属的工作进行直接的监督，对员工的工作表现等各个方面的情况都无法直观掌握。公司对员工的绩效考核和薪酬管理难度将大大增加，另外，每个员工都处于不同的地理位置，有着不同的作息时间、不同的工作习惯等，这对整个团队的协作也产生了负面影响。

3. 信息安全问题

互联网是一个开放的环境，黑客可能会侵入网络中的计算机系统，或窃取机密数据和盗用特权，或破坏重要数据，或使系统功能得不到充分发挥、甚至瘫痪。

4. 影响员工情感

实行远程办公，员工会逐渐失去上下班的时间概念，还可能会失去一些集体观念和纪律观念。同时也因为减少了与他人接触的机会，同事之间会渐渐疏远，员工很难对公司产生归属感，不利于员工个人的身心健康。

1.2 什么行业和公司更适合远程办公

现在，远程办公越来越普及，已经渐渐渗入人们的日常生活中，那么哪些行业和公司适合远程办公呢？理论上，绝大多数行业和公司可以远程办公，除了那些必须面对面沟通的行业以外。例如制造业，员工必须得现场操作；又如线下的培训，老师必须手把手教授技能。目前来看，以下几个行业比较适合远程办公。

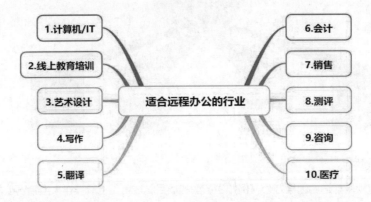

1. 计算机 /IT

某计算机行业协会新近的一个研究调查结果显示，从远程办公的行业分布来看，在所有被调查者中，IT 从业者所占的比例最大。随着时代的发展与进步，我们越来越离不开计算机等电子产品，而依托于计算机的各种产品更是随着人们的需求逐步出现，在未来，计算机 /IT 行业将是远程办公的主力，这也是行业属性决定的。

2. 线上教育培训

学习几乎是永恒的热议话题，不管是科技进步还是个人成长，都离不开学习，这也是近两年知识付费那么火热的重要原因。线上教育培训相对于传统的线下教育具有很多优点，不仅无时间空间限制，还可以按需定制，针对个人不同的情况有目的地学习，大大提高效率。而线上培训在家就可以录制，不需要特定的场所和时间，也很适合远程办公。

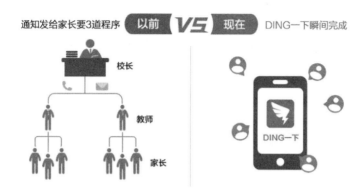

3. 艺术设计

现在人们的生活水平越来越高，自然追求也越来越高。像画家、平面设计师这一类的人员也可以进行远程办公，只要把工具准备好就行。

4. 写作

从前作家只需要一支笔、一张纸就可以写作，现在连纸和笔也不是刚需了，有网络和计算机就可以进行工作，远程办公自然是作家的好选择。此外，与之相关联的编辑、互联网运营等职业也很适合远程办公。

5. 翻译

翻译行业也很适合远程办公，相关人员在家里把资料翻译好了发过去就行，对于办公地点和协同性的要求都不算太高。

6. 会计

会计行业和翻译行业的情况差不多，只要能够保持联系，相关人员就算是远程办公也不怎么会影响工作。

7. 销售

有的公司甚至连销售员的工位都不留，毕竟销售员主要是在跑业务，大多时间都在外面，留不留工位也没太大差别。未来随着 VR 技术的发展，就算远隔千里，也能近在眼前，可能连门都不用出就可以进行销售了。

8. 测评

测评类的工作，尤其是电子产品类测评，等待产品快递到家就可以开始了，基本可以足不出户就办公。

9. 咨询

咨询类的工作人员也非常适合远程办公，例如心理咨询师可以通过网络和电话来开展工作，对于工作地点的要求不是很高

10. 医疗

今年因为疫情影响，线上问诊也开始为大众所知，其实此之前，已经有不少医生开始网上问诊、网上开处方了，效果因人而异。未来这也很有可能成为一种新趋势。

1.3 远程办公需遵守的原则

要顺利实现远程办公，需要遵守以下 4 个原则。

1. 准确认识互联网产品

准确认识互联网产品，就是需要远程办公人员借助一切互联网产品来提高远程办公的效率，要愿意用、喜欢用、鼓励用互联网产品去解决工作问题。

2. 有明确的定位

移动办公并不是要摆脱计算机，而是需要明确什么时候该使用什么设备来完成工作。应该用计算机完成的事情，就不能奢望用手机等去完成。

如需要编辑、排版大量文字的文档，制作功能强大的 Excel 图表或制作一个美观大气的 PPT，虽然手机办公应用软件也具备这些功能，但使用手机效率低，不如用计算机制作速度快。

但如果仅需查看这些文档时，就不需要借助计算机，通过手机即可实现。

3. 钱要花在正确的地方

移动办公需要有移动设备的支持，设备的性能直接决定远程办公的效率。因此，选择性能好的设备是提高办公效率的关键，这些钱是不能节省的。

此外，一些能提升远程办公效率和质量的软件是需要收费的，适当付费也是值得的。但如果有能免费使用，且能满足办公需要的软件，就不需要花钱买付费软件，把钱花在正确的地方。

4. 试用体验比软件介绍可靠

选择远程办公应用软件时，软件下载界面有软件功能介绍，但应注意，某些软件会夸

大其功能，一定要在正式使用前下载并试用，如果发现不合适，立刻卸载，要提前做好判断。

1.4 远程办公的禁忌

很多人因为远程办公需要软件的支持，就下载了各种软件，以备不时之需。这种想法是错误的。要让远程办公变得简单有趣，应避免以下两点。

1. 不做"下载狂人"

大多数远程办公应用软件是免费的，一些远程办公人员会将它们都下载下来，认为以后肯定能用得到。但他们往往是安装了很多软件，最后能用到的却很少。安装太多软件的后果就是发现手机存储空间总是不够，或者手机运行变得卡顿，其实选择多比选择少更浪费时间。

因此，远程办公人员切记不要做"下载狂人"。

2. 不要盲目使用软件

一些人听到别人说哪个软件好用，就去下载哪个软件，没有系统了解软件的作用及特点。

对于一些个人使用的软件，可以以好用为原则，选择一款适合自己的软件，然后将多余的软件卸载掉。

远程办公还有一个特点，就是要与人交流，这就需要与大部分人选择的软件保持一致，这样才能有效与他人交流。

> **提示** 在选择软件时，要明确自己在哪些方面做得不好，有选择地去下载软件。如有"拖延症"的人，可以下载时间管理方面的软件；需要经常与客户联系的人，可以下载人脉管理方面的软件。

1.5 如何防止远程办公效率低、沟通难

远程办公作为新的办公模式，不管对员工还是企业来说都是一个挑战，主要存在这两个障碍：管理效率低、沟通效率低。

1. 管理效率低

管理效率低，是因为很多人做不到自律。

在办公室上班，员工如果不好好干活，旁边的人都会看到，那么员工还是能做到自律的。我们把这种行为叫作"他律环境之下的自律"。但在家里就不一样了，做不到自律，又没人看着。

站在公司角度来讲，很多员工不能自律的话，对管理而言就会导致低效问题。因为领导没办法非常快速地安排工作、调整节奏，员工在做什么、遇到什么问题，也没办法及时请示，得到指导，协同上就会遭遇挑战。

2. 沟通效率低

在办公室里做方案，大家可以聚在一起讨论，共同修改，三五个人很快就能改完，协作效率很高。

但远程办公情况之下，改一个方案需要发来发去，一个人改完后另一个人再改，这就变成了没有协作的"单兵形态"，沟通效率很低。

那如何在远程办公中克服这两个障碍呢？可以分别从公司层面和员工个人层面来进行改善。

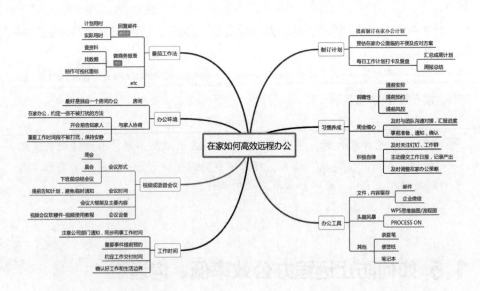

（1）公司层面

① 早会、晚报告。早会、晚报告是为了保证员工之间时间的一致性，当需要共同协作

时可以找到人。而且早会一定要开视频，这样可以看到大家的穿着状态和工作状态。晚报告是跟进进度。做这两件事的目的是让员工在两个时间段之间保持工作的状态。有了这个制度之后，就可以保证员工在同一时间段里工作，虽然不在同一地点。

② 把目标拆解成每天的任务。早会、晚报告是一天工作的开始和结束，那中间部分如何提高效率呢？这就需要将管目标下沉到管任务，远程办公要把目标拆解为每天的任务，而且任务要可衡量且有结果。例如，你让小张把销售工作负责起来，他在家远程办公，你不知道他进行到什么程度了，时间表是怎么样的 …… 所以，要把销售工作拆解成每天的具体任务，以便于量化执行与考核。

③ 善用工具。远程办公工具在科技或互联网公司已经大量采用了，但对很多传统的、使用办公室集中办公的公司，工具的使用是一个很大的问题。可以运用以下 些工具来提高远程办公效率。

沟通类工具：可以使用企业微信和钉钉等，至少要先把微信群建立起来，让员工早上在微信群里完成早会，晚上完成报告。

文档类工具：可以用石墨文档、Office 365 及 WPS 等工具，员工可以在线共同修改同一篇文章，这个时候就达到了协同的目的，下图所示为 WPS 的"在线协作"功能。

会议类工具：公司总是需要开会进行相关业务探讨的，这时就召开视频电话会议，可以使用腾讯会议、钉钉会议，还有第三方（如 ZOOM 等）软件。右图所示为钉钉视频会议界面。

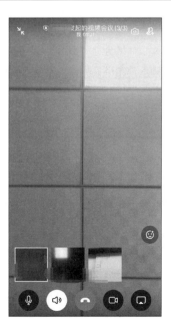

协同类工具：有些项目如果使用企业微信和钉钉来沟通，将会是"刷屏式"的沟通，可能达不到效果，这时就可以使用协同类工具，如腾讯 TIM、印象笔记、WPS 云办公、OneDrive 等。

存储类工具：过去是通过计算机进行多人更改文档的操作，而现在远程办公对文档的访问和修改已经可以使用存储类的工具来实现了，如百度网盘等。

（2）员工个人层面

① 正式着装。员工在家办公，一定要搞清楚现在是上班时间。这就要求切换状态，跟在办公室办公一样，身穿正式工作的服装，做到完全的自律。这会在很大程度上提高远程办公的协作效率。

② 独立空间。一定不能在休息区域办公。反过来说，不要在办公的地方休息，在家里，要把做这两件事的场所分开。只有真正进入工作空间的时候，才会断绝跟其他事情的联系。自律与否需要"他"律，设置独立空间，进入一个"场"，让自己进入自律状态。用场的力量、环境的力量，帮助自己进入自律的状态。所以一定要有一个清晰的区域，用这个区域来设限，用上班的"仪式感"来设限。

③ 独立时间。在家办公，对公司而言，考验的是把目标拆解为任务的能力；对员工而言，考验的是区分工作时间和休息时间的能力。如何才能清晰地区分好工作时间和休息时间呢？建议大家用"番茄工作法"，工作以 25 分钟为一个单位，这 25 分钟里，手机调成静音，什么东西都不碰，告诉自己在这个时间里、在番茄钟提醒你之前，别的什么都不能干，只能专注工作。这部分内容将在 11.4 节详细介绍。清晰地区分好工作时间和休息时间，这样远程工作才会让你既高效，又能劳逸平衡。如果公司里每个人都能做好这件事情，公司的管理水平和个人的自我管理水平都将得到很大的提升。

1.6　阿里巴巴等企业如何践行远程办公

在 2020 年年初这段特殊的时期，远程办公成为众多企业的选择，阿里巴巴及腾讯等公司是如何践行远程办公的呢？用的是什么工具？远程处理哪些工作？如何保证工作效率？

下面是阿里巴巴公司某员工早上起床、洗漱并吃完早饭后，一天的工作安排。

① 用钉钉打卡签到。

② 用阿里邮箱处理未读邮件。

③ 打开语雀，完成当天的工作计划和日课。

④ 按照工作计划的优先级处理事务，不定时处理钉钉消息。

⑤ 通过阿里郎参加线上会议。

⑥ 提交日报并打卡下班。

我们日常办公需要和多个部门的同事进行沟通和交流，现在同事又有可能在不同的城市远程办公，会不会产生新的问题呢？

答案是肯定的。从团队协作的角度思考，在这种状态下如何管理团队、如何跟踪项目的进度以及如何保障沟通的时效和准确性，都是绕不过的话题。从个人的角度考虑，如何提高自控力、保障效率，如何管理自己的时间，如何高效利用工具完成协作，同样值得探讨。下面就来看看阿里巴巴公司的做法。

1. 协作工具

"工欲善其事，必先利其器"，一个团队需要各种各样的工具来提高协作的效率。能让机器帮我们做的，就不要让人参与进来。事实上，因为经常需要跨地域沟通和协作，阿里巴巴公司内部已经具备了远程办公所需要的各类工具。

如果不具备这样的条件，可以尝试使用国内外优秀的开放工具，选择适合自己团队的工具。

下面是阿里巴巴公司某程序员常用的远程办公工具。

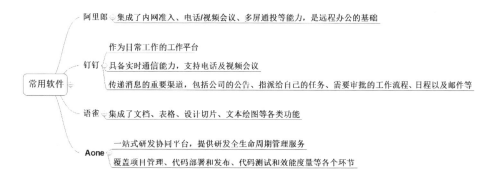

2. 沟通

沟通的目的是保证信息的对等，避免出现"大家齐头并进，却向着不同终点奔跑"的情况。根据不同的沟通范围，可分为团队内沟通和跨团队 / 跨地域沟通。

（1）团队内沟通

团队内沟通通常是进行一些团队事务的同步，包括手头上在做什么事情，项目进展到什么程度了，或者遇到了一个难题要寻求帮助等。这部分信息的同步通常比较简单和快速，远程办公对其不会有太大的影响。

（2）跨团队 / 跨地域沟通

跨团队 / 跨地域沟通需要通过专门组织会议来。下面是几点适用于大多数远程会议的建议。

① 最小化会议规模，尽可能不开大会和长会。

② 会议前及时向所有参会者发送参会邀请。

③ 会议中的每个议题都要有明确的结论或解决办法。

④ 记录会议纪要，会后发送给所有参会成员，并保存文字记录。

⑤ 参会者要定期查收参会邀请，提前了解会议的议题和议程，避免因迟到或没有准备而影响到整个会议的效率。

当然，这些建议实际操作的时候并不容易，也很难要求所有人去遵守，但是至少从我们自身做起，多多尝试、多多坚持，努力让周围的人也能有所改变。

3. 团队管理

团队管理的最终目的是将团队所有成员拧成一股绳，有更强的动力去实现目标。这期间需要多次反复沟通，确保对目标的理解一致。这就需要做到以下几点。

① 远程办公要求对交付任务的时间和质量更加有责任心。

② 对目标进行更明确的拆分和跟踪，责任人要清晰地拆解任务，规划好任务的完成时间，并持续进行跟踪，消除过程中可能出现的风险。

③ 让整个过程更透明，最终实现任务保质保量交付。

4. 项目管理

项目管理倾向于对事的管理。一个项目牵涉的人员众多，需要保障信息的顺畅流通，及时了解各方进展和过程中的风险，让项目的进展更顺利。这就需要有良好的机制来保障，减少浪费的时间。

5. 时间管理

突然转变为远程办公，员工很容易出现的一个问题就是产生倦怠感，毕竟家通常承载的是休息的功能，在家工作不像在单位工作时精力那么容易集中。那么，该如何有效降低倦怠感？

① 制订出日计划、周计划，甚至是月计划，描述清楚要做的事情和截止时间，严格按照计划执行。

② 在家办公的一个好处是噪声明显减少，虽然不容易专注，但如果进入专注状态后，工作的效率就会大大提高。可以尝试寻找自己精力最佳的几个时间段，最大化利用这部分时间。

③ 尝试使用"番茄工作法"，但每个"番茄钟"的时间比较短，对需要长时间专注思考的工作，可能会起到反作用。

④ 把一项任务拆分为多个足够小的任务，每个"番茄钟"内专注解决一件事。当然，如果能够在处理一项任务时始终保持专注，使用什么工作法都行。

归根结底，远程办公最重要的一点是"透明"。在工作中的各个环节都应该增强透明意识，尽可能提供透明的环境和工作氛围，增强团队或项目组中各个同事的参与感、认同感和信任感，培养大家的自驱力。

本书在后续章节中，向各位读者介绍了远程办公的沟通、任务安排、编排文档、传输文件及日程安排等方法，便于读者顺利实现远程办公，让工作变得更加简单有趣。

🔓 干货分享 1：紧急情况下没有网络怎么办？

情况 1：和朋友在一起时，手机没有流量怎么办？

出现这种情况，可以向朋友"借"流量，只需要在朋友的手机中开启手机热点即可。这样朋友不仅自己可以正常使用网络，还可以共享给你使用。

步骤 01 在已上网手机中点击【设置】→【个人热点】选项（不同的手机型号设置名称可能不同，但设置方法类似，读者可以自行摸索）。

步骤 02 在【个人热点】界面开启【便携式WLAN热点】选项。

步骤 03 打开需要上网的手机的【WLAN】界面，即可看到可用的网络，这里点击【小米手机】网络。

步骤 04 进入【输入密码】界面，输入密码，点击【连接】按钮即可。

情况 2：独自在外，如何"蹭网"？

"蹭网"，并不是说去破解别人的无线密码，而是去"蹭"那些提供给公众使用的 Wi-Fi。

可以去一些提供免费 Wi-Fi 的快餐店、大型商场等；如果在一些特殊的场合，如机场、高铁站等，可以看看附近是否有移动运营商提供的免费 Wi-Fi。

 提示 如果没有找到，可以直接去询问服务人员是否有免费 Wi-Fi。

🔒 干货分享 2：养成良好的习惯来管理智能设备

在进行移动办公时，手机、平板电脑这类智能设备使用较多，并且会根据需要安装不少应用软件（App)，这就需要我们在使用这些设备时养成良好的习惯。

① 在智能设备上安装的各种应用软件不宜过多，应尽量控制在 3 屏以内。多个应用可以按照类别放入不同文件夹，以节约屏幕空间、便于查找。

② 把经常使用的应用软件放在第 1 屏，便于操作。

③ 养成定期清理设备缓存的习惯，对于不常用的 App，应及时卸载，避免占用内存，影响智能设备的运行速度。

④ 可以在不使用的时候（如睡觉之前），将各种后台应用关闭。如果可以，应将 Wi-Fi 和智能设备的数据网络一起关闭，以免消耗电量和流量。

02

如何搭建
远程办公环境

随着人们工作性质的改变，远程办公成为许多公司开始尝试使用的一种工作模式。而智能手机功能的不断扩展，使人们利用手机就能实现远程办公。

手机远程办公可以节省每天的通勤时间，实现办公地点自由。如果懂得借助一些应用软件来搭建一个舒适的办公环境，还可以大大提高办公效率。

首先我们来看看搭建一个舒适的办公环境，具体需要用到哪些软件。

我们在办公室上班时使用的互联网工具有微信、QQ、电子邮箱、网盘储存等，有些团队还会使用钉钉、飞书等团队型工具，这些工具我们在办公室工作时就已经用到了。

而远程办公，意味着每个人身处的空间不一样，为了维持团队的沟通和协作，我们还需要进行视频会议、任务进度交流等。

2.1 常用的远程办公软件

远程办公在企业中已经被广泛采用，而手机远程办公也随着智能手机功能的扩展而受到关注。许多科技公司推出了不同特色、不同功能的手机远程办公应用软件，现在我们就来为大家介绍几款使用率较高、适合大部分手机办公用户使用的应用软件。

在介绍前，首先根据其主要功能把手机办公应用软件进行一个简单的分类，方便我们对这些软件的功能有基本的认识。根据功能的不同，我们把应用市场中的手机软件分为5类：即时通信类、文档协作类、视频会议/远程面试类、任务管理类、文件传输类。

1. 即时通信类

　　国内常用的即时通信类工具主要有腾讯公司旗下的 QQ、TIM、微信这 3 款软件，由于远程办公的风潮兴起，专门服务于企业团队的钉钉、飞书、企业微信等软件的用户也在不断增加。国外团队交流使用频率较高的沟通软件有 Slack。

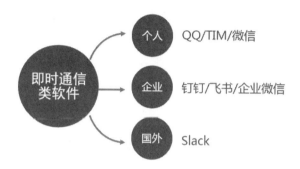

　　（1）QQ/TIM

　　TIM 是腾讯公司以 QQ 为原型，精简了 QQ 原有的娱乐功能，同时加强了办公功能后推出的一款专门针对办公用户的产品。

　　① QQ/TIM 的共同特点

　　·支持稳定的多人语音通话及视频通话。

　　·支持大文件传输。

　　·支持屏幕共享演示。

　　·支持聊天记录漫游，可在多个设备上浏览以往的聊天记录。

　　·QQ 和 TIM 的账号是互通的，账号内的好友及聊天记录共享，即一个账号可以根据需求在两个软件中切换使用。

　　② QQ/TIM 的主要区别

　　QQ 内包含红包、音乐、游戏、直播等功能，偏重于娱乐性。

　　TIM 有腾讯文档及日程这两个功能，

可直接打开文档并在线编辑、发送，可在 App 内记录日程规划，更适合办公群体。下图所示为 TIM App 界面。

　　（2）微信 / 企业微信

　　微信与企业微信也是腾讯公司旗下的通信产品，微信刚推出时也是先用于企业办公的，与 QQ 相比，微信从界面设计到功能设计都更加简洁，沟通效率更高。企业微信是腾讯公司以微信为原型，增强了企业服务、办公协作等功能，专为企业打造的一款办公沟通兼客户服务软件。

① 微信 / 企业微信的共同特点

• 简化个性化设置，高效沟通。

• 支持多人语音通话及视频通话。

• 支持多人群组交流。

• 支持动态分组功能。

• 微信与企业微信可互通使用。

② 微信 / 企业微信的主要区别

• 微信的好友上限是 5000 人，企业微信的好友无数量上限。

• 微信最多支持 9 人视频会议，企业微信最多可支持 300 人视频会议。

• 企业微信可添加服务功能模块及其他办公功能模块。

下图所示为企业微信界面。

2. 文档协作类

文档协作类软件的主要功能基本相同，例如支持多人实时协作，保存文档的不同历史版本（即使没有保存也可以从历史记录中找回最初的文档版本），支持在线收集数据并汇总，可添加评论等。

目前市场用户较多、使用体验比较好的文档协作类软件主要有石墨文档、WPS Office 等，腾讯文档可嵌入腾讯系软件，也有一定量的用户使用，此外还有 Microsoft Word 以及综合类应用。

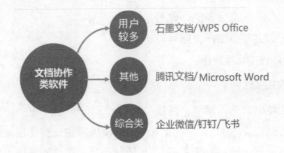

（1）石墨文档

石墨文档的定位是"多人实时协作的云端Office"，最大的优势是支持多设备终端（包括PC端及手机端）、多人毫秒级实时同步更新内容，免除了反复传输文件的烦琐流程，同时有效提高了多人协作的效率。石墨文档的特点如下。

· 文档及表格编辑界面更简洁、便捷。

· 手机端免费用户可编辑文档、表格等的格式，暂时不支持幻灯片设计及编辑。

· 文档的编辑纪录可追溯。

· 企业可对文档的权限进行设置，针对不同的部门进行分权管理、分级管理。

· 支持思维导图、多方音视频会议的互动白板。

下图所示为石墨文档界面。

（2）WPS Office文档

WPS Office最初为PC端应用软件，拥有大量PC端用户，因此在PC端与手机端兼容方面有更大优势。WPS Office的特点如下。

· 支持手机新建及编辑文档、表格、幻灯片，并提供模板选择。

· 拥有最大容量365GB的云文档空间，同一个账号通过云文档可以直接在多个设备编辑文档，不需要传输文件。

· 应用软件由多种工具集成，包括导出长图、论文查重、翻译、界面提取、朗读文档等共12种功能。

· 有画笔功能，可直接标注重点。

· 重要文档可添加星标标注，方便快速找到该文档。

· 可在文档内发起多人会议，PC端和手机端多人同时观看、编辑文档，并进行语音讨论。

下图所示为WPS Office手机版界面。

（3）腾讯文档

腾讯文档是企业微信、TIM 的默认文档程序，但也可导入 WPS Office、Microsoft Word 的文档进行编辑。腾讯文档的特点如下。

• 支持手机新建及编辑文档、表格、幻灯片，并提供模板选择。

• 仅支持微信、QQ、TIM 3 种登录方式。

• 可在腾讯文档 App 内创建文档群组，一键分享至群组，实现多人协作。

• 免费用户单文档支持最多 20 人同时协作，会员用户可支持最多 200 人同时协作。

下图所示为腾讯文档界面。

以上面提及的 3 款应用软件为例，目前来说石墨文档的打开及编辑都是比较流畅快捷的；WPS Office 的功能最为全面，但是使用界面略微复杂，需要一点时间去熟悉里面的功能；腾讯文档一键分享至群组协作的功能比较适合需要多人协作的办公用户。

3. 视频会议 / 远程面试类

视频会议类软件的基本功能应包括多人视频 / 语音通话、屏幕共享、电话接入会议、多平台兼容（甚至可通过浏览器直接进入会议，无须安装软件），还有最重要的信息安全保障服务。

目前在视频会议功能方面比较出色的软件主要有以下 3 款。

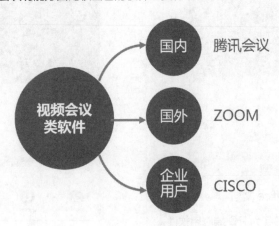

（1）腾讯会议

腾讯会议在视频通话清晰度及稳定流畅方面较有优势。其特点如下。

• 支持多终端设备一键入会，包括手机日历直接接入会议。

• 智能消除环境噪声。

• 支持背景虚化及美颜功能。

• 支持多种格式文档在线协作、演示。

• 屏幕共享时自带观看者水印。

• 可使用即时文字聊天功能辅助讨论。

• 手机、固定电话可接入会议，不收取额外服务费。

下图所示为腾讯会议 App 界面。

（2）ZOOM

ZOOM 是一款在国外十分受欢迎的远程会议软件，由于技术稳定成熟、界面简洁，对办公用户来说使用体验不错，在国内也有不少用户。ZOOM 的特点如下。

• 可录制会议过程。

• 免费版支持 100 人以下限时会议，或 2 人不限时会议。

• 稳定性较好，长时间会议不会掉线。

• 可通过手机通讯录邀请成员参加会议。

下图所示为 ZOOM App 界面。

（3）CISCO

CISCO 是起源于国外的一款视频会议软件，其核心业务是通过远程视频为企业提供定制的团队协作方案。CISCO 的特点如下。

• 可通过企业内部设备连接或电子邮件地址邀请发起会议。

• 可录制会议过程，并在主页快速找到已录制的会议视频。

• 可以把要讨论的文档直接拉入会议视图，以供多人同时观看及编辑。

• 与 CISCO 公司的其他远程会议软件兼容，形成整体性的企业沟通系统。

4. 任务管理类

任务管理类软件的主要作用是使项目或工作任务更有序地推进，明确每一个成员的工作任务及内容，成员能够清晰地知道团队内的任务具体进行到哪一个阶段，管理者能够随时了解项目的进度并在 App 内做出指示，而且很好地解决了团队成员之间异时交流的问题，对团队协作效率的提升有很大帮助。

目前在任务管理功能方面比较出色的软件主要有以下几款。

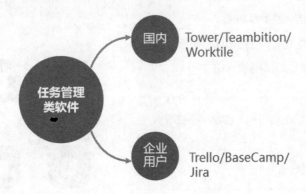

（1）Tower

Tower 是一款任务管理协作类软件，其服务对象以中小企业为主，因此在功能模块及使用方式上都贴近中小型团体，甚至可作为个人任务管理器使用。Tower 的特点如下。

· 可通过企业微信及微信小程序进入。

· 内置多种项目类型的流程模板，可直接使用。

· 内置企业知识库，知识库内的文档可设置权限名单。

· 可批量编辑任务内容，如更改多个任务负责人等。

· 支持日报及周报功能。

下图所示为 Tower App 界面。

（2）Teambition

Teambition 更偏向于为企业提供一个统一的项目管理方案，Teambition 的特点如下。

• 可通过钉钉进入。

• 通过微信小程序可查看分享给自己的任务，并进行协作。

• 可导出统计报表，有利于数据分析。

• 管理者可以通过项目集群，一眼了解全部项目的进度。

下图所示为 Teambition App 界面。

（3）Worktile

Worktile 除了普通的任务管理以外，在功能上对企业研发中的沟通协作问题也十分重视，注册账号时，在功能类型上可选择常规项目管理或研发迭代管理。Worktile 的特点如下。

• 对研发团队的需求进行深度分析，并进行相关的工具链整合。

• 可视化进度追踪。

• 可对任务所需的工时进行统计。

• 可选择"看板""列表""表格"3 种视图模式。

• 可通过不同的源部件构成个性化的模板，更适合岗位种类较多、工作内容差异化大的团队使用。

（4）Jira/BaseCamp/Trello

Jira 软件是一款用于跟踪 Bug、问题和项目管理的软件，主要优点如下。

• 默认开放性的权限体系，默认 Jira User 有查看和备注权限。

• 易于传播的 ID 体系及 URL。

• 可定制化的工作流程。

• 独立看板视图设计。

• 一体式计划输入，可快速录入需求列表，创建任务。

• 分层级的权限体系。

BaseCamp 是一款基于 Web 的项目管理和协作工具，该款软件包括了 5 个比较实用的功能。

- 邮件整合与通知功能。

- 项目管理任务表，可把每个任务同时分配给不同的项目成员。

- 项目概览，通过概览页面可一眼了解所有项目的进度，还可以查看以往的进度历史。

- 项目知识库，可以在项目中添加注释、笔记、文档，还可显示文档修改的历史记录，使成员了解项目的变化过程。

- 日历整合，不同任何或项目将会被自动记录到软件内的日历程序，使用者也可以把日历内容复制到常用的日历程序。

Trello 属于一款比较通用的项目管理和协作工具，适用于中小型项目团队甚至个人使用。对于规模较大、流程复杂的项目团队来说，Trello 可能无法满足需求。Trello 的特点包括有以下 3 点。

- 网页版与手机无缝对接，电脑可直接在网页登录使用，手机下载 App 登录即可与电脑端账户对接。

- 新建任务卡片时可直接备注标签，方便任务分类。

- 可以在任务卡片插入文档、图片、网页地址等，也可以从任务卡片中直接打开网页地址。

5. 文件传输类

说起文件传输，日常使用频率较高的仍然是微信、QQ 和邮箱等通用类社交软件。如果是单一的传输需求，这些软件基本上能够满足，但是对办公文档来说，还要考虑到文件数据较大、接收后如何分类存档等问题，这时就需要用到更专业的文件传输类软件。

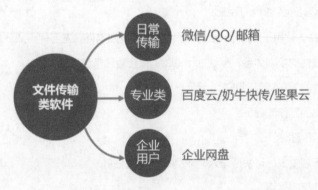

微信、QQ、邮箱、百度云等常用软件就不再介绍了，下面介绍几款前面没有介绍过的软件。

（1）奶牛快传

奶牛快传界面风格偏向"可爱型"，上传及下载不限速、不限流量，但是限制使用次数，可通过开通会员增加使用次数。奶牛快传的特点如下。

- 最大可支持 4GB 的文件传输。

- 可通过微信小程序、网页、App 登录。

- 可在线预览账号内的文件，包括在微信小程序内也可即时预览。

- 可通过链接或提取码分享文件。

- PC 端打开分享链接可直接下载文件至本地，不需再下载客户端。

下图所示为奶牛快传 App 界面。

（2）坚果云

坚果云分为个人版和企业版，以个人版为例，每月上传及下载文件的流量有限制，开通付费版本可取消流量限制。坚果云的特点如下。

- 通过微信小程序可直接将微信聊天记录中的文件收藏至网盘。

- 可邀请多人协作文件。

- 协作文件有修改可提醒通知。

- 可通过客户端在线查看及编辑文件。

2.2 整合适合自己的办公软件

通过上面的介绍，相信大家对于手机的远程办公软件已经有了基本的认识，下面我们需要做的就是根据需求来挑选适合自己的办公软件。

第 1 步：先理清自己的工作内容

想要快速找到满足自己办公需求的软件，首先要对自己的工作内容有一个全面的认识。可以用列表的方式列出自己的日常工作内容。

第 2 步：拆分每项工作内容所需的步骤

列出工作内容后，针对每一项工作内容再仔细分析其工作步骤，对照每一个工作步骤列出所需的办公软件。

软件并不能帮我们直接完成工作任务，它只能帮我们完成工作中的某些步骤。其中步骤简单的工作，例如"通知部门同事开会"，可能使用一个软件就可以完成；而步骤复杂的工作，可能需要用到多个软件才能完成。

第 3 步：整合所需的办公软件

对应每一项工作内容的步骤，列出每一个步骤需要的办公软件，然后把功能重复的软件去掉，再把自己的工作内容规划到每一个办公软件，属于自己的手机办公系统就基本完成了。

案例分享

小 A 的工作岗位是市场客户经理，日常的工作内容主要包括以下方面。

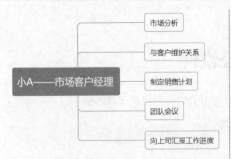

以市场分析为例，具体的工作步骤如下。

把工作内容列出来以后，第 1 步就完成了；接下来是第 2 步，针对每项工作内容列出其工作步骤。

我们分析这项工作的具体步骤，发现完成市场分析需要收集市场资料、汇总销售数据，还要整理成报告。那么 Word 文档、Excel 报表、PPT 演示这 3 种功能都有可能会用到，收集资料时可能还需要分类存档，因此选择的软件还需要有文件夹分类的功能。

我们对比上面介绍的几款文档类软件，符合条件的有 WPS Office、腾讯文档，那么就可以从这二者中选择自己喜欢的一款了。

如果需要进行大文件传输，那还会用到文件传输工具。

依次把其他工作内容的步骤列出，并一一找到对应的办公软件，第 2 步就完成了。

第 3 步是把刚才列出的办公软件进行整合，并进行任务分配。

如上图所示，把每一项工作内容需要用到的办公软件列出来以后，我们发现其中有不少软件是重复的。

把功能重复的软件删除后，小 A 需要用到的软件只有 WPS Office、奶牛快传、微信、Tower、腾讯会议。

通过这样的列表，不仅可以清晰地找到适合自己的办公软件，还能够把每一项工作都分配到对应的软件里执行，即使离开办公室也能保持有条不紊的工作状态。

2.3 增强触及感：营造合适的工作环境

远程办公以后，可能不少人会发现，似乎工作效率降低了，周围发生的事情一下子就把注意力分散了。

怎样才能使自己离开办公室也能保持高效率的工作状态呢？

1. 从时间上进入办公状态

长期的办公生活使我们的身体形成一种自然习惯，到了上班的时候，就进入了任务模式，洗漱 - 吃早餐 - 上班 - 到公司开会 - 完成一天的工作内容 - 下班。

如果在家办公也想要达到这样的精神状态，我们首先就要从生物钟上调整。

例如办公时间是从早上 9 点到中午 12 点、下午 2 点到 6 点。那么我们可以要求自己8 点准时起床，即使不需要在路途上消耗时间，也要预留 15~20 分钟布置好办公区域，让自己提前几分钟进入工作状态。

中午休息时间是从中午 12 点到下午 2 点，那午休最好在 1 点 50 分前结束，留 10 分钟的空余时间整理一下仪容，准备开始下午的工作。

2. 从外形上进入办公状态

外在的形象包括着装、发型、妆容等，这些其实都会给我们的心理产生暗示。俗话说，如果你想成为某个人，那就先从穿着上向他学习。可见外形对一个人的影响是极大的。当我们穿着精致的套装、发型一丝不苟，我们会认为自己是上班族；当我们穿着睡衣、不修边幅，我们难免会认为自己应该躺在床上休息。

因此，即使在家办公，我们也应该保持着装得体，发型整齐，整个人干净清爽，这样可以帮我们脱离"家庭"的气氛，进一步进入工作状态。

3. 规划一个专属的办公区域

试想一下，你在客厅里办公，小孩在脚边围着你跑圈，或者你在餐桌上办公，妈妈偶尔过来拿个盘子，这些打扰是不是都会使你从工作状态里"出戏"，工作思路一下子就被打断了，要想重新进入工作状态，又要花一段时间。

所以，规划一个专属的办公区域是很有必要的。

有条件的话，可以将一个独立的房间作为办公空间。如果家里空间比较小，没办法划出一个房间作为办公空间的话，那么规划一张桌子或在桌子上圈出一块区域专门用作办公区域也是可以的。

专属的办公区域应该保证在该区域办公时可以避免受外在因素的干扰，如小孩的干扰、噪声干扰等。

4. 提前布置办公区域

大部分人可能认为，办公只要一台计算机或一部手机就可以了。但是很多时候，我们在工作中途，可能会因为口渴而离开座位倒一杯水再回来，这时工作状态就被打断了，又要花 5~10 分钟重新进入状态。

所以，除了计算机、手机、纸、笔这些必要的物品，我们还可以在工作区域提前放好水杯、纸巾等可能需要用到的物品，这样就可以避免工作状态被打断，导致效率下降。

🔒 干货分享 1：在家办公，腰酸背疼都找上门了，怎么办？

长时间在家办公，人的状态难免会放松，缺少在公共场合时对自己的约束。很多人在家办公时，各种奇怪的姿势就出来了，例如趴在床上、窝在沙发上、双腿盘坐在椅子上等。这些姿势一开始觉得很舒服，可是时间久了，就会感觉不自在。

可即使规规矩矩地坐在桌子前，时间久了，还是会觉得肩膀、颈椎、腰部都酸痛难受，这是为什么呢？很可能是因为办公的桌椅高度不合适。

办公桌的高度一般在 72~76cm，通过调整椅子的高度，可以保持眼睛和计算机屏幕平行。而我们在家办公如果椅子过高，为了保持眼睛和计算机屏幕平行，就会不自觉地出现脖子前倾、身体下弯等情况，长此以往就会造成肩膀、颈椎、腰部都出现酸痛。

如果你有这些不适的症状出现，那就赶紧检查一下自己办公时使用的桌椅吧。

干货分享 2：提升办公心情的小妙招

工作上难免会遇到不太顺心的事情，可能是约好的客户临时改期了，可能是交给老总的方案又被驳回来了 …… 不管怎样，工作还是要继续，和大家分享几个可以提升办公心情的小妙招吧！

1. 利用标签进行文件分类

办公时却总是找不到想要的文件，难免让人心情烦躁，而且花费大量时间、精力寻找文件，工作的思路就被打断了。在日常工作中准备几个文件夹，并贴上标签纸，用完的文件随时进行归类，下次要用的时候就不会手忙脚乱了。

可以根据文件对接的部门、文件所属的项目等信息进行分类。在文件夹内还可以利用便签条再进行细分。

2. 保持桌面整洁

桌面上除了必要的办公物品以外，其他东西尽量收纳到抽屉里，干净整洁的桌面不仅可以提升工作效率，还可以使人的心情更舒畅。

3. 摆放绿植装饰

绿色植物可以使人大脑放松，缓解视觉疲劳。如果喜欢动漫人物的话，还可以在绿植旁边放一个模型，让自己在工作间隙转换一下情绪，缓解过于紧绷的状态，大脑也会随之变得清晰起来。

03

在家办公如何
远程打卡

当员工在家办公的时候，公司协同方面的问题如何处理？例如传达消息遇到瓶颈怎么办？如何保障团队的日常同步？团队沟通找不到人该怎么办？

针对这类问题，首先需要确保员工在家办公期间都能准确到岗，进行远程打卡就是一种常用的方式。本章以钉钉为例，介绍如何进行远程打卡。

3.1 使用外勤打卡

在公司办公时，很多员工上下班的时候都会进行打卡考勤，有的公司可能会利用钉钉进行打卡考勤。如果远程办公，该如何用钉钉进行外勤打卡呢？

1. 外勤打卡

在手机上登录钉钉，进行外勤打卡，具体操作步骤如下。

步骤 01 登录钉钉，点击底部【工作】按钮，进入【工作台】界面。

步骤 02 点击【考勤打卡】或者【智能人事】下方的【考勤打卡】按钮。

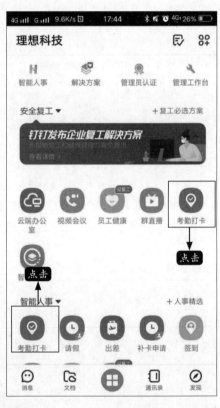

步骤 03 进入公司的考勤打卡界面。由于系统检测手机所在地不是指定的考勤打卡地点，就会自动显示为"外勤打卡"，点击【外勤打卡】按钮。

步骤 04 进入具体的打卡界面，系统将根据外出地点显示，并且可以根据设置进行模糊定位，点击底部【外勤打卡】按钮。

步骤 05 打卡后随即返回上一页，可以看到打卡的记录已经显示在界面记录上了，表示打卡已经成功。

2. 设置外勤打卡

必须要由公司具有管理权限的人员进行外勤打卡设置，这样员工所进行的外勤打卡才能被系统默认为正常考勤记录，否则将会作为不在排班之内的考勤，不便于考勤人员的统计。进行外勤打卡设置的具体操作步骤如下。

步骤 01 点击【工作】进入【工作台】界面，点击【考勤打卡】按钮。

步骤 02 进入公司打卡界面，点击底部【设置】按钮。

步骤 03 进入【设置】界面，下拉菜单至【外勤打卡设置】，点击【外勤打卡设置】按钮。

步骤 04 进入【外勤打卡批量设置】界面，点击打开【允许外勤打卡】选项。根据使用需要，选择打开【允许员工隐藏详细地址】选项，最后点击【保存】按钮。

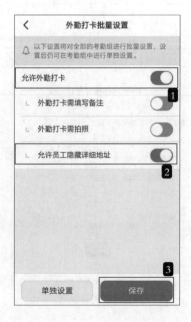

步骤 (05) 弹出对话框，询问"该设置将应用于全部考勤组，请确认是否提交？"，根据需要，点击【确定】提交。这就将外勤打卡设为了正常考勤。

3.2 使用群签到打卡

公司进行考勤，还可以使用群签到打卡功能。在钉钉群内上班签到，可以实时查看签到统计，模糊位置保护隐私，了解员工在家办公情况。群签到打卡，一般是无严格上下班时间、管理相对灵活的企业或组织使用。下面以 Android 设备为例，介绍群签到开启、使用等方法。

1. 开启和设置群签到

该功能必须由具有设置权限的人员进行操作，如人事人员、管理员等。在手机上登录钉钉，开启和设置群签到的具体操作步骤如下。

步骤 (01) 登录钉钉，打开钉钉群，点击底部【更多】按钮，进入【群快捷栏】界面。

步骤 02 选择【群签到】，点击【打开】按钮，在群内开启群签到。

步骤 04 进入【设置】界面，可开启【模糊定位模式】，签到地址信息仅保留"省市区县"，保护员工隐私。点击【签到模板】按钮，可进行模板的设置。

步骤 03 进入【群签到】界面，点击右上角齿轮形状的【设置】按钮。

步骤 05 进入【群签到模板】界面，根据实际需要选择一款签到模板（本案例选择【通用模板】），然后点击下方的【立即启用】按钮，将会按照所选择模板进行群签到。

> **提示** "群签到模板"有"通用模板""上下班出勤签到""早会签到""返程签到""每日健康签到""培训活动签到""自定义"，可根据实际情况进行选择。

2. 群签到打卡

在手机上登录钉钉，进行群签到打卡的具体操作步骤如下。

步骤 01 登录钉钉，打开钉钉群，点击底部【更多】按钮，进入【群快捷栏】界面。

步骤 02 选择【群签到】，点击【打开】按钮。

步骤 03 进入【群签到】界面，点击中间【签到】按钮，显示"签到成功"，完成签到。

步骤 04 返回钉钉群界面，可以看到群消息中所提示签到的情况。

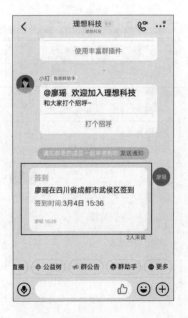

3. 查看统计

群签到统计查看分为管理员和员工两类。管理员可以查看全公司人员的群签到统计情况，员工只能查看自己的群签到统计情况。

（1）管理员查看

管理员查看群签到统计情况的具体操作步骤如下。

步骤 01 进入钉钉群，点击【更多】按钮进入【群快捷栏】界面，选择【群签到】，点击【打开】按钮。

步骤 02 进入【群签到】界面，选择进入"统计"界面，即可查看成员签到时间、地点统计，点击界面底部的【报表导出】按钮还能导出报表。

步骤 03 进入【导出报表】界面，选择"开始时间"和"结束时间"，点击底部的【立即导出】按钮。

步骤 04 可以看到导出的 Excel 表格，并可进行在线编辑。

（2）员工查看

员工个人查看群签到统计情况的具体操作步骤如下。

步骤 01 进入钉钉群，点击【更多】按钮进入【群快捷栏】界面，选择【群签到】，点击【打开】按钮。

步骤 02 进入【群签到】界面，点击界面右上角【我的】按钮。

步骤 03 进入【我的】群签到统计界面，可以看到相关信息。

步骤 04 点击【签到详情】按钮，可以看到具体详细的签到信息。

3.3 过了打卡时段怎么办？

在外办公或者出差时，由于忘记而耽误了考勤打卡，过了打卡时段怎么办呢？可以通过钉钉的"补卡申请"功能进行补卡申请。

在手机上登录钉钉，进行补卡申请的具体操作步骤如下。

步骤 01 登录钉钉，点击【工作】→【考勤打卡】按钮。

步骤 02 进入公司考勤打卡界面，点击底部【申请】按钮。

步骤 03 进入【申请】界面，点击左上角【补卡申请】按钮。

步骤 04 进入【补卡申请】界面，根据自己实际情况，在标记红星的选框【补卡理由】中进行相关输入，然后进行审批人选择（一般为自己的上级领导或人事部门），最后点击【提交】按钮。

步骤 05 返回可以看到【补卡申请】界面，等审批人审批通过，该补卡申请就完成了。

步骤 06 待审批人审批通过后，通过钉钉的工作通知就可以看到相关考勤已经记录为正常了。

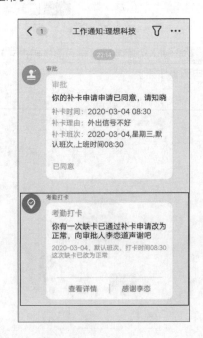

3.4 查看自己的考勤统计情况

如果想要了解自己这个月的考勤情况，如何查看呢？

在手机上登录钉钉，查看自己的考勤统计情况的具体操作步骤如下。

步骤 01 登录钉钉，点击【工作】→【考勤打卡】按钮。

步骤 02 进入公司考勤打卡界面，点击底部【统计】按钮。

步骤 03 进入【统计】界面，在这里可以查看自己的考勤统计情况。可以通过选择"周"或"月"查看不同时期的考勤情况。

🔒 干货分享 1：使用签到功能记录拜访顾客的过程

使用签到功能可以记录公司业务部门外出拜访客户的过程，包括给客户打电话、拜访地址签到、写拜访记录等，记录这些过程可以方便公司业务部门随时回顾，维系客户关系。具体操作步骤如下。

步骤 01 登录钉钉，点击【工作】→【签到】按钮。

步骤 02 进入【签到】界面，在【拜访对象】中通过通讯录添加所拜访客户名称，并签到，即可记录拜访过程，方便之后查看业务往来记录。

🔒 干货分享 2：如何使用移动审批快速完成请假、销假流程

① 提交审批：公司可以根据实际情况自定义请假出差等审批流程，员工使用工作台的审批功能，用手机随时随地提交审批。

② 审批处理：审批人收到审批提醒，实时进行审批，简单高效，若审批人没及时看见，还可以一键催办。

③ 查看审批记录：员工还可以随时查看"待我审批的""我发起的""抄送我的"审批单，审批记录随时可追溯。

④ 销假：发起请假出差审批并通过，
可再次修改或撤销审批，不用麻烦管理员。

如何保持团队的及时
高效沟通

在传统办公环境中出现问题需要协助时，招个手、走几步就能够和其他的同事交流。在面对面沟通过程中，对方的每一句话、每个表情，还有肢体动作，都可以协助我们去理解。

但远程办公时，实现高效沟通是我们面临的挑战之一，面对断断续续的回复，经常会说了大半天，问题却没有得到解决。

这时，如何保持团队的及时高效沟通便成为关键。

4.1 沟通的 3 种形式：文字、语音和视频

如今的沟通方式众多，除了面对面进行交流外，使用文字、语音和视频也可实现信息交流。

这种现象在远程办公时尤为明显，越来越多的远程办公人员借助电子邮件、短信、电话、即时通信软件和远程办公 App 与同事互动。

4.1.1 文字

文字沟通是最常用的沟通方式，常用的文字沟通工具有文档、电子邮件、QQ、微信、短信及其他各种即时通信软件，适用于不要求时效性的沟通场景。

1. 文档沟通的优、缺点

优点如下。

① 不受文字数量的限制，内容具体、形象，可以图文结合。

② 便于查阅存档及日后的统一管理。

③ 适合描述功能多、业务复杂的项目。

④ 适合跨部门协作的项目。

缺点如下。

① 不容易建立统一标准。

② 面向不同角色，阅读时不容易找到重点。

③ 费时。

④ 理解成本高，沟通效率低。

2. 电子邮件沟通优、缺点

优点如下。

① 打破时间和空间的限制。

② 便于查阅记录。

③ 方便多人发送。

④ 比较正式，适合报告工作进度、通报项目状况或统一分配任务。

缺点如下。

① 正文不宜太长。

② 传递信息不及时，容易被忽略。

③ 不利于处理争议、敏感或急切的问题。

3. QQ、微信、短信及其他即时通信沟通方式的优、缺点

优点如下。

① 沟通方便、不易产生紧张情绪。

② 截图、发送文件方便。

③ 可同时与多人进行沟通。

④ 适合相熟的同事之间沟通，可以畅所欲言。

⑤ 适合解决争议不大的问题。

⑥ 查询记录比较方便，可通过关键字搜索聊天记录。

缺点如下。

① 文字较多时容易忽略掉重要文字信息。

② 一些复杂的问题很难描述清楚，容易造成误解。

③ 不利于解决有争议的问题。

④ 过于随意，不适合解决重要且紧急的问题。

4.1.2 语音

语音沟通常用的方式包括电话、微信语音、QQ语音等，沟通及时，但是由于只有语音，直观性不是很强，适合处理紧急但不重要的问题。语音沟通的优、缺点如下。

优点如下。

即时、有效，沟通效率较高。

缺点如下。

① 特殊情况下理解有差异。

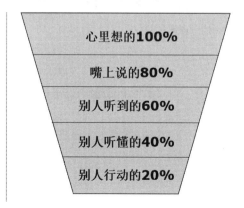

② 不利于表达微妙的情感。

③ 特别复杂的问题不容易说清楚，有可能引起误会。

④ 不方便同时查看文字及图片等内容。

⑤ 不方便查找记录。

4.1.3 视频

采用视频沟通方式，可以轻松实现同事之间"面对面"交流，沟通效率更高。视频沟通的方式包括视频文件、视频会议等，视频文件的功能与文字沟通类似，但只能单方面传递信息。

视频会议沟通的优、缺点如下。

优点如下。

① 沟通效率更高。

② 能集思广益、拓展思路，便于从更多角度了解他人的观点。

③ 适用于跨部门、协同解决问题。

缺点如下。

① 需要的准备工作较多。

② 不适合人数过多的情况。

③ 时间不宜过长。

④ 网络不流畅的话容易造成信息不同步。

⑤ 若方法不当，会导致效率极低。

综上所述，文字、语音及视频沟通各有所长，在远程办公的过程中，可根据需要选择合适的沟通方式。

4.2 文字沟通需要明确的 4 点内容

文字沟通作为最常用的沟通方式，通过文字沟通来提高沟通的效率及准确性、降低沟通成本，显得尤为重要。

不论是与同事进行文字沟通，还是与领导或客户进行文字沟通，都需要明确以下 4 点。

1. 沟通目的

每次沟通都会有一个目的或目标，应该先明确通过这次沟通想达到什么目的或实现什么目标。因此，全部的文字内容就都要为达到这个目的服务，在沟通中也必须时刻检查发出的文字是否符合这一目的。

2. 沟通主体

使用文字沟通，除了要注意沟通双方的身份之外，还应该要考虑到谁是这次沟通的发起者。一般来说，文字的描述要与当前的身份相符。

① 与领导沟通或汇报工作时，文字要清晰表明希望达到的目的、工作的进展情况，和希望领导给出的建议。

② 与同事沟通寻求帮助时，要说明希望得到什么帮助，并表示感谢。

③ 与下级沟通，特别是布置任务时，要详细说明任务要求、需要实现的效果及完成时间。

④ 与客户沟通，要忌说大话、空话，要通过切合实际的文字表现出诚恳、稳重的风格。

3. 沟通媒体

这里所说的沟通媒体，是指选用合适的沟通软件，清楚对方常用的软件，是提高沟通效率的关键。如果对方经常使用微信，而你却用 QQ 沟通，对方有可能无法及时收到消息。

4. 沟通语言

文字沟通要用双方都理解的语言，在有专业词汇的时候，一定要使用专业词汇，但要考虑到对方的接受度，适当地给予解释。

4.3 紧急信息如何快速通知全体人员

紧急消息要告知全体人员，可以用钉钉全员群、部门群、项目群等多种群聊发送消息，一条消息就能通知上万人。还能直接看到员工是否已读。对于未及时读取消息的员工，管理员可以用"DING"功能转成短信、电话提醒或应用内提醒，保证通知到位。

> **提示** 钉钉所有的聊天消息都支持已读未读状态查看，包括群消息。在消息发送后，消息发送人可以查看已读未读的成员列表。

使用钉钉通知全体人员紧急消息的具体操作步骤如下。

步骤 01 登录钉钉，在主界面中选择要发送紧急消息的群。

步骤 02 进入工作群，即可在文本框中输入消息并发送。发送群消息后，会在消息下方看到未读的人数"8 人未读"。

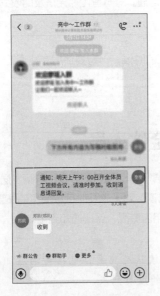

如果有成员未及时读取消息，可以使用"DING"功能单独给未读成员发送消息，这样即可确保通知到全体人员。具体操作

步骤如下。

步骤 01 点击消息下方的【8 人未读】文字。

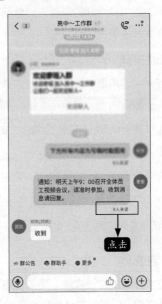

步骤 02 进入【DING 一下】界面，在该界面可以查看所有未读和已读的人员名单。点击【DING 一下】按钮。

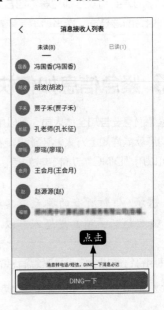

步骤 03 进入【消息接收人列表】界面，选择所有未读消息的成员，点击【确认提醒】按钮。

步骤 04 弹出选择方式窗口，可以通过电话提醒、短信提醒、应用内提醒 3 种方式进行提醒，这里选择【应用内提醒】选项。

步骤 05 将消息单独发给每位未读成员，并且在消息上方可看到发送的数量。

步骤 06 未读成员登录钉钉后，即可收到【DING 一下】发送的消息，并且群内会显示对方是否已读【DING】消息。

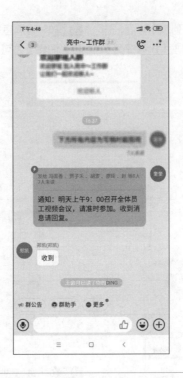

提示　钉钉聊天消息支持撤回，群主可撤回任何群成员的聊天消息，无时间限制；群成员可以在 24 小时内撤回自己发送的消息。

4.4 如何发布全员公告，不遗留重要信息

在发布全员公告时，为了防止遗留重要信息，可以使用钉钉的公告功能，该功能允许批量选择成员，公告发出后，可查看员工是否已读。对于未读的员工，管理员还能通过短信、电话提醒对方，保证通知到位。具体操作步骤如下。

步骤 01 打开钉钉，进入工作群，点击右上角的【群设置】按钮。

步骤 02 打开【群管理】界面，点击【群公告】按钮。

步骤 03 进入【群公告】界面，输入公告内容。点击【发布】按钮。

提示 在底部可以编辑文字样式、添加符号及编号、插入图片、插入超链接等。

步骤 04 弹出【选择发送方式】窗口，可以看到包含【发送并DING通知】【仅发送到群】两个选项，选择【仅发送到群】选项。

步骤 05　显示群公告效果，在群中会显示群公告，并显示未读人数。

提示　如果要修改群公告，只需要点击群公告内容，在【群公告】界面点击【编辑】按钮，即可修改群公告。

步骤 06 为了防止有成员看不到群公告,可以点击发布的群公告,进入【群公告】界面点击【更多】按钮,选择【设为置顶】选项,将群公告置顶显示。

4.5 开启视频会议,"面对面"沟通

使用钉钉的视频会议功能以及 QQ 群的群视频功能都可以开启视频会议,通过视频会议,能提高沟通效率。

1. 钉钉视频会议

钉钉的多人视频会议支持最多 30 人,界面较为简洁,有静音、音量调节、关闭以及视频画面切换等功能,还支持悬浮窗,非常方便小团队之间远程沟通交流。开启视频会议的具体操作步骤如下。

步骤 01 进入群界面,点击【视频】按钮。

步骤 03 进入【开始会议】界面，输入会议名称后，点击【开始会议】按钮。

步骤 02 界面底部弹出【发起会议或直播】窗口，选择【视频会议】选项。

步骤 04 进入【选择参会人员】界面，选择要参会的所有人员，点击【确定】按钮。

步骤 05 进入视频会议界面，即可开始视频会议。

> **提示** 点击底部的🎙按钮，可开启或关闭语音；点击底部的🔊按钮，可开启或关闭声音；点击底部的📞按钮，可退出视频会议；点击底部的📷按钮，可开启或关闭摄像头；点击底部的📲按钮，可共享手机桌面；点击顶部的👥按钮，可添加与会人员。

2. QQ 群视频功能

在 QQ 群中，通过群视频功能也可以进行视频会议。具体操作步骤如下。

步骤 01 登录手机 QQ，进入 QQ 群，点击【+】按钮，点击【视频通话】按钮。

步骤 02 进入【邀请成员】界面，选择要参会的成员，点击【发起通话】按钮即可开启视频会议。

4.6 如何能让视频会议开得更好

召开远程视频会议，参会者来自不同的地方，开视频会议时如果遇到人员不齐、会场杂乱，或网络卡顿、声音断断续续、有回音等各类问题，就会导致视频会议效果不好，那么如何才能让视频会议顺利开展呢？

1. 会议前

① 确保所有参会人员知晓会议时间、会议主题并准时上线参加会议。

② 提前让参会人员了解视频会议软件的功能。

③ 提前进入视频会议，调试设备。

④ 提醒参会人员排除外界干扰，确保网络稳定。如果环境嘈杂，可以开静音或关闭摄像头。

⑤ 需要发言的参会人员，要提前根据视频会议软件支持的文件格式准备好发言资料。

2. 会议中

① 目标要清晰，明确会议的主题以及要达到什么样的目的。

② 要提高效率，把握重点，避免长篇大论，及时阻止跑题，防止参会人员疲惫。

③ 做好会议记录。

3. 会议后

会议结束后应及时把会议纪要发送给所有参会人员。

作为组织者要做到 3 个"确定"。

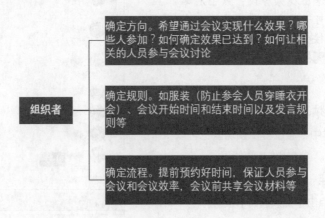

作为参与者要做到 3 个"主动"。

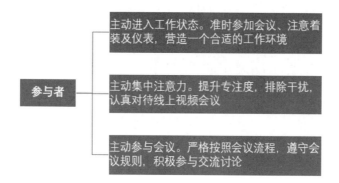

4.7 一起讨论，画出思维导图

现在很多行业都需要绘制思维导图来梳理工作流程，如梳理工作总结框架、人员架构、生产流程、产品分析思维导图等。在远程办公的情况下，该怎样和同事讨论，一起绘制思维导图呢？这里推荐 GitMind 工具，它可直接在 PC 端浏览器、手机微信、手机浏览器上打开使用。

 提示 多人协作绘制思维导图时，PC 端支持发送并接受协作邀请，手机端仅能够分享、查看思维导图。

1. 新建导图

步骤 01 在 PC 端浏览器中输入 GitMind 工具网址，并使用微信扫码登陆。

提示 在微信中搜索 "GitMind" 公众号并关注，即可使用 GitMind 工具。

步骤02 单击【新建】按钮，选择【新建脑图】选项。

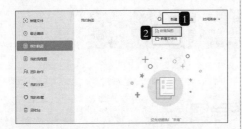

步骤03 新建思维导图，为了便于协作，可以先根据需要更改主题名称，这里更改为 "团队人员及职责"。

2. 邀请他人协作

步骤01 单击【协作】按钮。

步骤02 弹出【协作成员名单】窗口，单击【邀请成员协作】按钮。

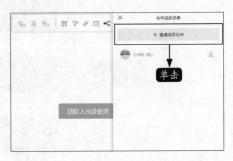

步骤03 弹出【邀请成员协作】窗口，并自动生成邀请链接和邀请码，单击【复制链接】按钮，复制链接后，通过微信、QQ 等发送给需要邀请协作的人员。

3. 他人接受邀请并协作绘图

步骤01 协作者收到邀请链接后，单击链接即可打开【协作邀请】窗口，输入邀请码，单击【立即加入】按钮。

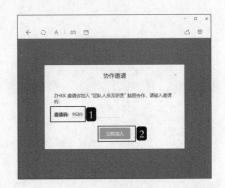

步骤 02 可以看到需要协作的思维导图，此时协作者不能编辑思维导图，如果需要编辑，可单击【申请编辑】按钮。

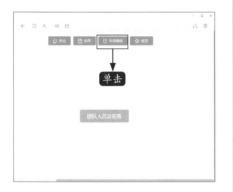

步骤 03 邀请人界面会弹出编辑申请窗口，单击【同意】按钮。

步骤 04 协作者可以编辑思维导图，编辑完成，单击【保存】按钮即可。

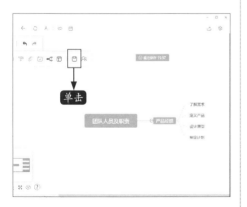

4. 收回编辑权限

步骤 01 协作者编辑思维导图时，邀请者界面会显示对方【正在编辑中…】，协作者编辑完成，单击【收回权限】按钮。

步骤 02 可以看到协作者编辑后的思维导图。

步骤 03 之后可以根据需要继续邀请其他人编辑思维导图，最终效果如下图所示。

5. 分享思维导图

步骤 01 单击【分享】按钮。

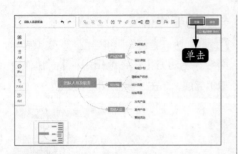

步骤 02 弹出【分享】窗口，单击【复制链接】按钮，将链接发送给其他用户。

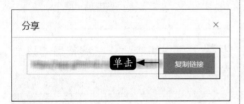

步骤 03 其他用户收到链接后，单击链接即可查看思维导图。

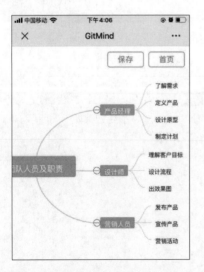

6. 导出思维导图

步骤 01 单击【导出】按钮。

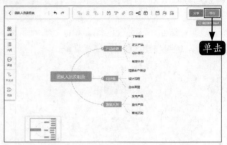

步骤 02 弹出【导出】窗口，选择导出类型，单击【导出】按钮，完成导出思维导图的操作。

干货分享 1：群公告不好看，怎么办？

通常情况下，发布的群公告只有文字内容，如果希望发布的群公告更美观，可以使用钉钉内置的模板。具体操作如下。

步骤01 进入【群公告】的发布界面，点击【模板】按钮。

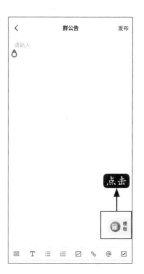

步骤02 打开【公告模板】界面，其中包含了【招聘招生】【公告通知】【喜报战报】【员工关怀】【每日问候】【企业文化】等多类模板，每类模板中又包含有多个不同内容的模板，这里选择【公告通知】下的【体检通知】模板。

步骤03 显示模板的效果预览，点击【编辑模板】按钮。

步骤04 在需要修改内容的位置点击，这里点击下方的内容。

步骤 05 进入【编辑模板】界面，根据需要修改内容，点击【√】按钮确认。

步骤 06 显示编辑文本后的效果，点击【插入公告】按钮。

步骤 07 进入【群公告】界面，点击【发布】按钮。

步骤 08 选择发送方式。选择【发送并

DING 通知】选项，即可发布群公告并且通知所有成员。

🔓 干货分享 2：召开视频会议时，怎样向参会者展示手机操作？

在召开视频会议的过程中，如果需要向参会人员展示手机中的某一项操作，可以开启共享手机桌面功能。具体操作步骤如下。

步骤 01 在视频会议界面，点击屏幕底部的【发起手机屏幕共享】按钮。

步骤 02 弹出【发起手机屏幕共享】窗口，点击【我知道了】按钮。

步骤 03 点击【立即开始】按钮，即可在视

频会议中共享手机桌面。

05

如何高效安排
工作任务

在办公室工作时，需要进行工作任务分配时，可以直接通过现场会议面对面进行，并且随时都可以在任务执行过程中进行沟通和内容调整。而开展远程办公后，员工与管理层、同事与同事之间都不能进行面对面沟通，这时候，明确的分工配合、清晰的进度管理对推进工作十分重要。

使用钉钉项目管理功能，可以创建和分配工作任务，并可以实时进行项目群沟通，及时追踪任务完成情况。

5.1 远程办公如何开展项目

远程办公的时候，应该如何分配工作任务、追踪项目进度？远程办公无法进行面对面沟通，使用钉钉项目群进行沟通，创建和分配工作任务，追踪任务完成情况，事事有着落，件件有回响。

1. 创建项目

如果需要创建新项目，可以通过钉钉新建项目群，后台会自动创建项目并关联该群。具体操作步骤如下。

步骤01 登录钉钉，进入首页，点击右上角【+】按钮。

步骤02 弹出下拉菜单，选择【发起群聊】选项。

步骤03 进入【发起群聊】界面，在【场景群】选项下点击【项目群】按钮。

提示 如果创建人拥有多家企业成员身份,还需要注意在创建项目群时候,在【归属企业】处进行企业的选择。

步骤 05 进入所创建项目群界面,可以进行项目任务的其他设置了。

步骤 04 进入【项目群】界面,在【群名称】文本框输入项目名称,在【群成员】处进行项目成员的添加和删除,最后点击【立即创建】按钮。

提示 用钉钉新建项目还有一种方式,就是直接创建项目,后台自动关联或创建项目群。点击【通讯录】→【项目】按钮,进行新项目的创建,该方式需要创建人通过个人实名认证才可以进行。

2. 查看项目概况

创建完项目后,项目成员可以查看项目内容。具体操作步骤如下。

步骤 01 登录钉钉，进入首页，点击底部【通讯录】按钮。

步骤 02 进入【通讯录】界面，选择【项目】选项。

步骤 03 进入【项目】界面，选择底部【全

部项目】下的选项进行查看（本案例为【绩效考核制度编写】项目群），可以看到所参加的项目组，点击项目组名称。

步骤 04 进入该项目组界面，可以查看该项目进展情况。

提示 创建的项目组根据实际情况，可以关联多个项目群进行沟通；同样，要查看项目概况，也可以登录钉钉后，直接通过首页进入项目群查看。

5.2 工作任务的快速分配

通过钉钉建立了项目和项目群后，就可以根据项目内容进行工作任务的分配了。在项目群里就能创建任务，并分配给对应的负责人。分工明确，远程办公也能高效配合。

项目成员都可以在项目群里进行任务的创建和分配。具体操作步骤如下。

步骤 01 登录钉钉，进入首页，选择项目群进入（本案例为【绩效考核制度编写】项目群）。

步骤 02 进入项目群界面，点击底部【任务】按钮。

步骤 03 进入【任务清单】界面，点击【新建清单】按钮。

步骤 04 进入【新建清单】界面，输入任务清单的名称，点击【创建】按钮。

步骤 05 进入该任务清单界面，可以进行具体任务的创建和分配，包括任务的名称、任务的负责人以及任务完成的截止时间。输入任务【收集绩效考核数据资料】，输入完成后点击【发送】按钮完成任务的创建和分配。

步骤 06 完成该任务清单所有任务的创建和分配后，选择每个任务项目名称，可以查看详细任务内容和要求。

写和上传文件即可。

步骤 07 进入【任务详情】界面，可以查看详细要求。完成任务后，根据要求进行填

提示 每个项目都可以建立多个任务清单，每个任务清单可以建立多个任务，每个任务还可以建立子任务，这些项目都可以根据工作实际情况进行任务的创建和分配，以完成任务为最终目的。

5.3 如何有效地进行项目进度管理

在创建和分配完任务后，项目成员随时都可以查看任务是否已完成，及时追踪进度。事事有着落，件件有回声，高效推进项目。数据、所有任务的完成情况，可以在项目概况里一目了然地查看，了解项目全局情况。

1. 查看任务完成情况

根据任务分配，项目成员各自进行任务推进，查看项目任务完成情况的具体操作步骤如下。

步骤 01 登录钉钉，进入首页，进入项目群。

步骤 02 进入项目群界面，在项目群底部点击【任务】按钮。

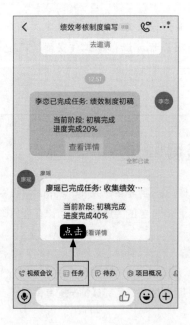

步骤 03 进入【任务清单】界面，项目如果有多个任务清单，下拉任务清单列表，勾选需要查看的任务清单选项（本案例选择【初稿完成】任务）。

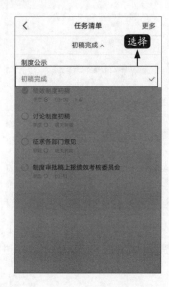

步骤 04 进入相应的【任务清单】列表，可以查看该任务清单每个任务的完成情况。

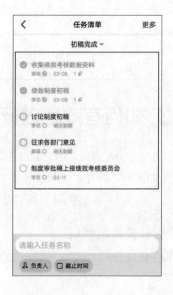

2. 催办项目进度

对于处在进展中的项目任务，项目成员可以根据需要互相进行催办，以加快项目的进展，催办项目进度的具体操作步骤如下。

步骤 01 进入项目群，进入【任务清单】界面，选择需要催办的任务。

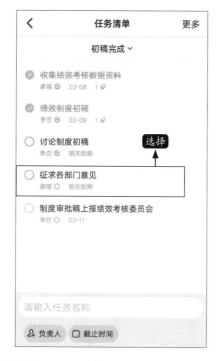

步骤 02 进入所选任务的【任务详情】界面，点击右上角的【更多】按钮。

步骤 03 底部弹出选择框，选择【催办】选项。

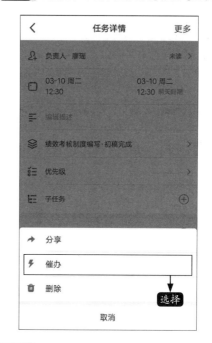

步骤 04 弹出【新建 DING】界面，根据需

要在上方文本框中输入文本，选择【接收人】，【提醒方式】选择"应用内"。如果需要在特定的时间进行提醒，可打开【定时DING】选项并设置【发送时间】，最后点击右上角【发送】按钮。

步骤 06 打开【DING详情】界面，查看项目成员对该项目任务的详细催促信息，选择任务名称（本案例为【征求各部门意见】任务）。

步骤 05 此时接收方如果登录钉钉，就可以接收到项目成员所发送的【DING】通知，点击【立即查看】按钮。

步骤 07 进入【任务详情】界面，根据项目进展情况，进行任务完成情况的提交。

5.4 如何应对项目突发情况

在开展项目任务的过程中，随时都有可能遇到一些不可预知的情况，如何应对项目突发情况？在远程办公时，项目成员需要及时更新项目进展动态情况，充分利用钉钉项目管理项目群沟通、视频会议以及项目动态等功能，以达到尽快解决项目中遇到的问题、快速推进项目的目的。

1. 召开视频会议

如果临时遇到问题需要沟通，可以使用项目群中的视频会议功能及时进行沟通，在第04 章中已经介绍了召开视频会议的相关操作，这里不赘述。

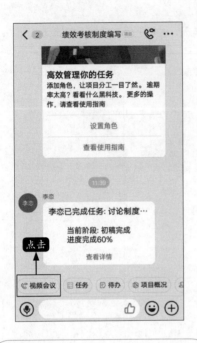

步骤 02 进入项目群界面，点击底部【项目概况】按钮。

> **提示** 由于项目成员都是远程办公，需要结合每个成员的实际情况来召开视频会议，例如提前在项目群发布会议召开时间等，以保证视频会议召开得高效实用。

2. 项目实时状态更新

项目成员可以及时更新项目状态，及时提出项目中所遇到的问题，项目成员可以在项目群中及时给予帮助。具体操作步骤如下。

步骤 01 登录钉钉，进入首页，选择项目群进入。

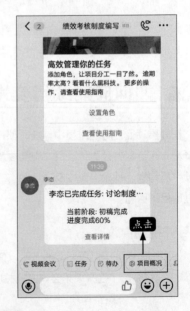

步骤 03 进入项目概况界面，点击上方【进度正常】按钮。

步骤 04 进入【项目状态】界面，点击底部【更新项目状态】按钮。

步骤 05 进入【更新项目状态】界面，根据实际情况，勾选状态选项，本案例勾选【遇到障碍】选项，依次在下方填写状态的【标题】和【描述】等相关内容，勾选【同时

发送到群聊】选项，最后点击【发布】按钮。

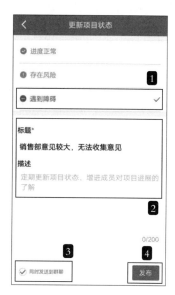

步骤 06 可以看到该项目状态发布到了项目群中，所有项目成员都可以实时看到，并可以根据实际情况进行沟通和解决问题。

5.5 写出让领导满意的每日工作总结

　　远程办公无法进行面对面沟通，那么如何让领导了解员工每天的工作内容呢？这时就可以使用钉钉日志。钉钉日志支持各种类型的工作汇报和总结统计，免费提供超过 20 万种工作汇报模板，满足各行各业安全高效的工作汇报及统计需求。员工每天提交日报，早上做好规划，晚上进行总结，工作内容安全共享、一目了然。

1. 选择工作日志模板

步骤 01 登录钉钉，进入首页，点击底部【工作】按钮。

步骤 02 进入【工作台】界面，下拉至【协同效率】处，点击【日志】按钮。

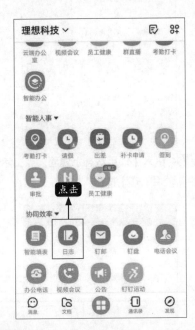

步骤 03 进入【写日志】界面，查看该界面是否有需要的日志模板，如果没有，点击【+】下的【更多模板】按钮。

步骤 04 进入【添加模板】界面，下拉界面进行日志模板的选择。选中需要的模板，点击该模板右边【添加】按钮。

步骤 05 即可弹出对话框,显示"添加成功",

点击【确定】按钮。

步骤 06 返回【写日志】界面，可以看到所添加的日志模板已经添加至该界面。

提示 系统提供的日志模板可以根据需要进行填写。如果系统提供的日志模板都不符合需要，还可以根据实际情况，自定义创建日志模板。点击【写日志】界面右上角【创建新模板】按钮来创建新模板，并可指定人员进行填写。

2. 发送邀请填写日志

选定的日志模板，可以发送给需要填写的人员进行填写。具体操作步骤如下。

步骤 01 进入【写日志】界面，选中需要发送的日志模板（本案例选择【促销员登记表】模板）。

步骤 02 进入【促销员登记表】界面，点击上方【发送模板】按钮或者底部【转发】按钮。

步骤 03 进入【选择联系人】界面，根据实际情况选择联系人（可以选择单人或群组等，本案例是选择群组进行发送），然后点击底部【发送】按钮进行发送。

> **提示** 还可以通过在【写日志】界面点击右上角【生成模板二维码】按钮，将二维码分享给他人进行模板的填写。

3. 查看工作日志

员工和管理层都可以查看已提交的工作日志。员工查看工作日志，可以了解管理层对自己的工作日志的评价；管理层可以查看所管理权限范围内员工的工作日志，可以进行评论、点赞或者奖赏等，以督促工作更好地改进。查看工作日志的具体操作步骤如下。

步骤 01 登录钉钉，进入【工作台】界面，在【协同效率】处点击【日志】按钮。

步骤 02 进入【日志】界面，点击底部【看日志】按钮，即可看到所有提交给自己查看的工作日志，选择工作日志选项可以查看详情。

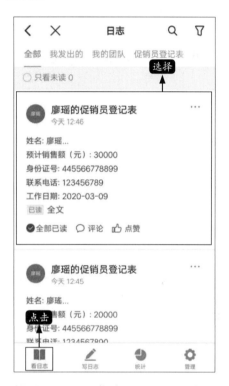

步骤 03 进入所选工作日志的详情界面，可以进行详细查看，下拉至界面底部，可以对工作日志进行评论、点赞或者奖赏。

> **提示** 若需要查看不同的工作日志,可以点击【日志】界面底部【统计】按钮,对所有提交的工作日志根据需要创建统计规则,筛选查看所需要的工作日志报表。

5.6 不能当面签字?远程处理审批单!

远程办公时,可以使用钉钉审批,随时随地发起、处理审批,实时查看进度,有效地提高公司审批流程和运转效率。对员工而言,可以加快工作进度,有手机就能开展工作;对管理层而言,可以随时查看工作进程,有手机就能管理公司。

1. 员工提交审批单

员工不用再拿纸质表格找领导当面签字,在家里用手机就能快速发起审批,审批进展实时通知,还可以在线提醒审批人处理。具体操作步骤如下。

步骤 01 登录钉钉,进入首页,点击底部【工作】按钮。

销】选项）。

步骤 02 进入【工作台】界面，下拉至【智能人事】处，点击【审批】按钮。

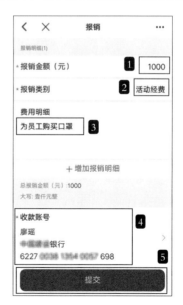

步骤 04 进入【报销】界面，根据实际需要进行填写，填写完毕后点击【提交】按钮。

步骤 03 进入【审批】界面，选择工作需要的审批流程（本案例选择【财务管理】→【报

> **提示** 填写【报销】流程单时，标记红星号"*"处必须填写，下拉完整个界面，审批人等信息确认都填写完毕后才能提交。

步骤 05 提交后返回【报销】审批单提交界面，在此界面可以随时查看审批单审批进展。

> **提示** 审批单提交后可以随时进行撤销，也可以进行"DING"催办。

2. 员工查看和打印审批单

审批单审批完成后，员工和审批人可以查看审批结果，可以根据需要随时下载打印。具体操作步骤如下。

步骤 01 登录钉钉，进入首页，选择【工作通知】选项。

步骤 02 进入【工作通知】界面，可以查看最新完成的相关审批通知（本案例选择对报销流程审批结果的通知），选择审批内容进行查看。

步骤 03 进入【报销】界面，查看审批人对审批流程的批示意见，点击底部【打印】按钮。

步骤 04 即可弹出确认窗口，提示【打印文件已通过工作通知发送给你】，点击【好的】按钮。

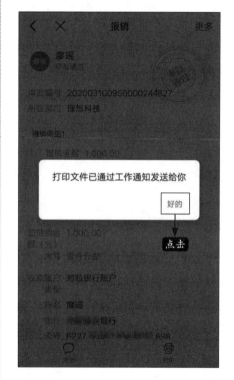

步骤 05 返回【工作通知】界面，可以看到系统已经将报销流程以 PDF 文件形式发送至【工作通知】中，选择该通知内容。

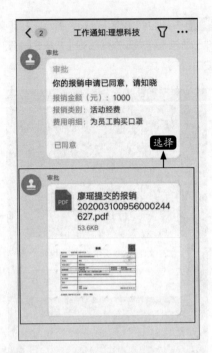

步骤 06 显示该报销单的 PDF 文件形式，还可以根据实际需要转发或者下载打印出来。

3. 管理层对审批单进行审批

管理层在手机上就能处理员工提交的各类审批单，有任何疑问都可以随时通过钉钉电话、钉钉 IM、钉钉视频会议联系员工进行沟通，各项业务进展都可以随时查看。具体操作步骤如下。

步骤 01 登录钉钉，进入首页，选择【工作通知】选项。

步骤 02 进入【工作通知】界面，可以查看最新的审批单内容（本案例选择审批报销内容）。

步骤 03 进入【报销】界面，可以查看审批单具体内容，根据实际情况可以进行审批和评论，查看完审批内容后，点击底部【同意】按钮。

步骤 04 进入【确认同意】界面，输入相关审批意见，最后点击【确认同意】按钮。

步骤 05 返回【报销】审批单完成界面，表示该审批单已完成审批。

远程办公时，钉钉支持手写签名审批，带签名的审批单支持 PDF 文件格式下载、打印。行业模板中预置了大量健康安全相关模板，可以一键启动，管理更严格、更规范。

步骤 01 登录钉钉，进入【工作台】界面，点击【审批】→【模板】按钮，进入【模板】界面，选择"智能办公开复工专题手签模板"。

案】按钮，即可使用该审批单。在审批该类审批单时，可以进行手签字体上传，并能够打印出来留存。

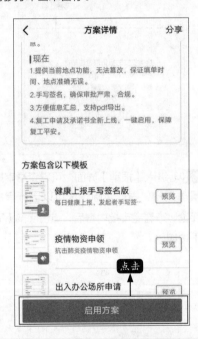

步骤 02 选中审批单模板后，点击【启用方

使用钉钉单聊或群聊，以及查看员工工作日志的时候，可以进行红包发放，无论是否绑定支付宝都可以发放红包，适当地进行工作奖赏，可以激励员工更加努力工作。

步骤 01 在查看员工工作日志的时候，如果觉得该工作日志非常优秀，可以下拉界面，点击【赏】按钮。

步骤 02 进入【个人红包】界面，在【金额】文本框中输入需要奖赏的红包金额，并输入相应的评语（或使用系统自带评语），然后点击下方【发红包】按钮，即可进行红包的发放。

干货分享 3：悄悄话模式

在项目管理中，经常会涉及商品报价、业务探讨等内容，可以将其作为悄悄话发送给多人，接收人之间互相看不到其他人的回复，只能和发送人进行对话，发送人可以看到所有人的回复。发送悄悄话的步骤如下。

登录钉钉，进入项目群界面，点击【任务】按钮，进入【任务清单】界面。选中需要发送悄悄话的任务选项，进入【任务详情】界面。点击右上角【更多】按钮，选择【催办】选项，进入【新建 DING】界面。根据工作需要，可选择【悄悄话模式】，最后点击【发送】按钮。

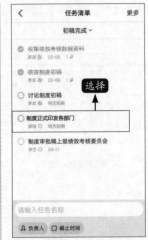

06

如何在手机上查看
和批复文档

计算机办公，让上班族熟悉并掌握计算机办公软件。
如今，很多以往只能在计算机上执行的文档操作，用
智能手机也能执行了。

在手机上查看文档、批复文档，已经成为远程办公人
员必备的技能。

6.1 在手机上查看文档

在手机上查看文档一般可分为两种情况，一种是直接查看微信、QQ 等软件聊天记录中的文档，另一种是查看保存在手机上的文档。

6.1.1 查看聊天记录中的文档

在手机中安装 WPS Office、Microsoft Word 等软件，之后通过微信、QQ 接收文档后，在聊天记录中直接点击文档，即可打开查看。

然后选择要打开文档的应用软件即可，如果要将该软件设置为默认应用软件，在选择应用软件后，点击【设为默认】按钮。

提示 通过微信接收文件后，如果没有打开，3 天后就会被微信自动清理，无法打开；如果已经查看，但是没有下载，可以在微信中保留 180 天。建议收到文件后，及时下载保存。如果手机中安装有多种软件，可以选择默认的软件查看。如果要用其他软件打开，长按文档，在弹出的菜单中选择【其他应用打开】选项。

6.1.2 保存文档到本地

为了防止误删聊天记录，导致文档丢失，可以将文档保存，下面以保存微信聊天记录中的文档为例，介绍保存文档的方法。

步骤 01 在聊天记录中打开文档，点击右上角的【…】按钮，在下方会显示手机已经安装的文档管理软件，这里选择【拷贝到"石墨文档"】选项。

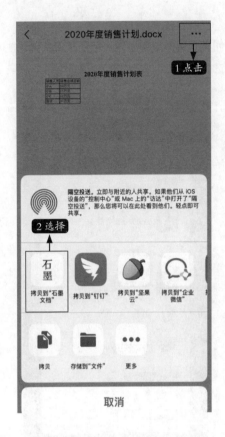

步骤 02　手机将会自动打开【石墨文档】并显示刚才保存的文档。

6.1.3　查看保存在手机上的文档

把文档"2020年度销售计划表"保存到手机上的"石墨文档"中，以后如果要查看这份文档，只要打开石墨文档，并找到"2020年度销售计划表"，点击就可以打开查看。

如果将文档保存到手机文件夹中，可以在打开应用软件后，找到文档存储的位置，之后点击该文档即可打开。

把文档保存到手机上，就不需要担心文件被应用软件自动清理而打不开了。

6.2 文档打不开的处理方法

文档打不开，有可能是因为手机没有安装可以查看文档的应用软件，也有可能是因为文件本身被损坏，针对不同的原因要使用不同的解决方法。

一般来说，文档打不开时，通常有以下几种处理方法。

6.2.1 安装办公应用软件

有些手机可能在出厂时已经默认安装了 Microsoft Word 或 WPS Office 之类的办公应用软件，所以能够直接打开文档。

如果手机中没有安装办公应用软件，可通过应用商店下载安装。在搜索栏输入"办公应用软件"，然后在搜索结果中选择合适的软件点击"获取 / 安装"。下图以苹果手机的 App Store 为例，如果手机已经安装该软件，右侧按钮会显示"打开"或"更新"；如果手机尚未安装该软件，右侧按钮则显示"获取"。点击"获取"按钮，手机会自动下载安装软件。

安装成功后，重新回到文档所在的位置，点击文档即可打开。

6.2.2 在计算机上生成图片

有些文件在计算机上能够打开，在手机上却打不开，如果无法马上安装办公应用软件该怎么办呢？

可以在计算机上把文档存为图片，再把图片发送至手机，这样在手机上就能打开图片并看到文档的内容了。

步骤 01 在计算机上使用 WPS Office 打开文档，单击左上角的【文件】选项。

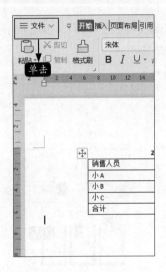

步骤 02 在下拉菜单中选择【输出为图片】选项。

步骤 03 在弹出的【输出为图片】对话框内进行相应设置，单击右下角的【输出】按钮即可将文档输出为图片。

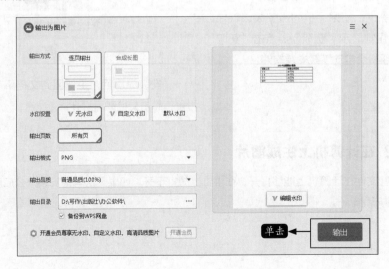

提示 要在 WPS Office 中将文档输出为图片，需要开通 WPS Office 的会员功能。如不想开通会员功能，可以使用截图将文档保存为图片。

6.3 文档显示混乱的处理方法

文档打开后，有时会显示一堆乱码，完全看不到内容，这时该怎么办呢？

又或者在计算机上苦心设计了版式的文案，发送到手机上，版式却全乱了，这时又该怎么办呢？

6.3.1 文档显示乱码

方法一：下载合适的软件

目前主流的两款手机办公应用软件是 WPS Office 和 Microsoft Word，通过这两款软件均可以打开并查看文档。

方法二：重新下载文档

文档显示乱码还有一种原因就是传输过程中文档被破坏，里面的内容无法被读取。如果安装办公应用软件后也不能解决文档乱码的问题，可以尝试重新下载文档或让对方重新发送文档。

方法三：使用 WPS Office 的文档修复功能

WPS Office 提供了文档修复的功能，可以解决部分文档显示乱码的问题。具体操作步骤如下。

步骤 01 使用 WPS Office 打开文档，点击顶部的【更多应用】按钮 ▦。

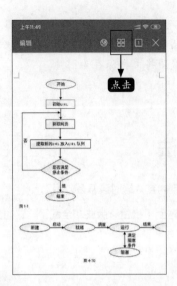

提示 安卓系统手机和 iOS 系统手机的软件界面会有细微的差别。

步骤 03 开始修复文档，修复完成后会显示修复结果，点击【打开文档】按钮，即可打开文档。

步骤 02 打开【应用】界面，单击【文档修复】按钮。

6.3.2 文档版式混乱

虽然 WPS Office 和 Microsoft Word 都可以根据文档内容自动适应手机屏幕，便于用户查看文档，但有时还是会出现在计算机上设计好的版式发送到手机上却出现版式错乱的现象，有时在手机上进行排版的文档在计算机上打开后也可能会出现这样的问题。

　　一般来说，如果文档里包含了图片或复杂的符号，又或者该文档是 PPT 文档的话就比较容易出现这种问题。

　　遇到这种情况时，可以把文档转换成PDF 格式或者以图片格式分享，就可以避免版式混乱。

　　用 iOS 系统手机把文档转为 PDF 格式的具体操作步骤如下。

步骤 01 用 WPS Office 打开文档，点击右上角中间的【工具】按钮。

步骤 02 在打开的【工具】界面选择【导出为 PDF】选项。

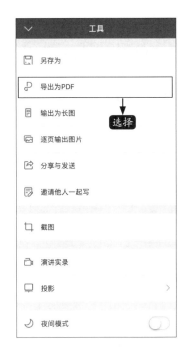

步骤 03 打开【导出为 PDF】界面，检查无误后，点击【保存】按钮。

步骤 04 保存成功后，手机会自动跳转到PDF 文档的界面，如果要发送 PDF 文件，可以向左滑动手机屏幕，在【常用功能】区域点击【分享与发送】按钮。

步骤 05 打开【分享与发送】界面，选择【以

文档分享】选项，即可把文档以 PDF 的格式分享给对方。

6.4 用手机对文档进行批注处理

对文档进行批注或者回复批注是日常工作中常常会用到的一项功能，以前这项操作一般都是在计算机上进行的，现在通过手机也可以实现了。

6.4.1 对文档进行批注

步骤 01 用 WPS Office 打开文档，点击右上角的【编辑】按钮，将文档切换至【编辑模式】。

步骤 02 把光标移到要进行批注的词句，并长按屏幕，在弹出的菜单中选择【选择】选项。

步骤 03 选中要添加批注的文字或段落，点击菜单最右侧的倒三角形按钮。

步骤 04 在弹出的下拉菜单中选择【批注】选项。

步骤 05 在弹出的窗口中输入批注的内容，完成后点击右上角【完成】按钮。

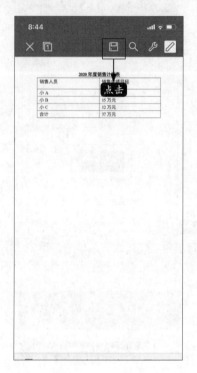

文档的保存。

步骤 06 点击文档上方【保存】按钮，完成

6.4.2 回复批注

步骤 01 用 WPS Office 打开文档，切换至【编辑模式】，包含有批注的文字下方会显示橙色下画线。

步骤 02 点击有下画线的文字，屏幕下方会出现一个窗口，用来显示批注的内容，点击左下角的【回复】按钮。

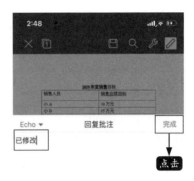

步骤 04 新增的回复会显示在批注内容下，点击可再次进行编辑。回复并修改文档后，点击文档上方【保存】按钮，保存文档。

步骤 03 在【回复批注】窗口中输入回复内容，然后点击右上角的【完成】按钮。

🔒 **干货分享 1：如何通过标识更快找到重要文件**

重要的文件总是希望很快能被找到，不需要在手机里左翻右翻，尤其是上司说这份文件着急要的时候，恨不得打开手机的第一眼就能看到它。

其实这个问题手机里的文档软件已经考虑到了，在 WPS Office 和 Microsoft Word 里都有类似的功能。

1.WPS Office

步骤 01 打开 WPS Offic，找到最近打开过的目标文档，如【2020 年度销售计划】的 PDF 文档。

到重要文件。

步骤 02 点击文档名字右侧的星形按钮，将其点亮。

步骤 03 选择界面上方的【星标】选项，切换到星标文档的界面，之后就算打开再多的文档，也可以在【星标】选项下快速找

2.Microsoft Word

步骤 01 打开 Microsoft Word，找到目标文档，如【2020 年度销售计划】。

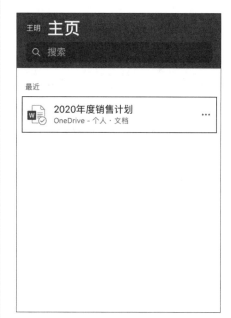

步骤 **02** 点击文档名字右侧的【…】按钮。

步骤 **03** 在打开的界面中打开【固定至顶部】选项。这样重要文档就会置顶显示。

干货分享 2：如何用手机把 PDF 文件转换为 Word 文档

在工作中，有时会收到一些 PDF 格式的文件，这些文件单纯阅读的话是没有问题的，可是如果要将其整理成资料，那么有很多内容还需要自己手打一遍，大大增加了整理的时间。

如果用手机能把 PDF 文件转换为 Word 文档就方便多了。

步骤 **01** 在手机上打开 WPS Office，找到要处理的 PDF 文件。

步骤 02 打开 PDF 文件，然后点击下方工具栏的【格式转换】按钮。

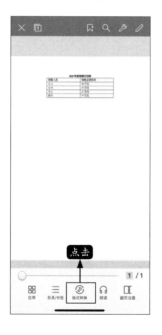

提示 在 WPS Office 中，PDF 文件的上方是红色的，Word 文档的上方是蓝色的。便于用户更好识别 PDF 文件和 Word 文档。

步骤 03 在弹出的窗口中选择要转换的格式，这里选择【转成 Word】选项。

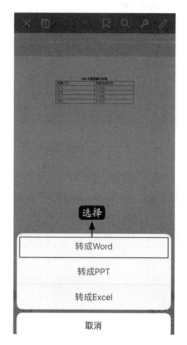

步骤 04 转换成功后，点击【打开文档】按钮，即可直接转到 Word 文档的界面。

提示 点击【知道了】按钮会继续留在 PDF 文件界面。此外，WPS Office 等软件自带的将 PDF 文件转换为 Word 文档的功能使用起来比较方便，但有时转换的效果不太好，会出现错别字或版式混乱等情况。

使用 ABBYY FineReader、CAJViewer 等具有 OCR 识别技术的软件将 PDF 文件转换为 Word 文档时，文字的正确性和排版格式的还原度较高。

07

如何在手机上编辑
办公文档

随着移动互联网的兴起，手机作为移动办公的主要设备之一，也越来越智能化。人们不仅可以随时随地利用手机查看各种办公文档，还能进行文档编辑，甚至还可以用手机连接打印机打印各种文档。

7.1 手机办公软件

随着手机功能越来越强大，越来越多的人选择使用手机办公，手机办公确实比计算机办公要方便很多，随时随地都能办公。不过想要提高办公效率，手机里常用的办公软件是必不可少的。现在很多智能手机也会内置一些办公软件，以方便人们使用。

在众多的手机办公软件中，较为常用的是 WPS Office 和 Microsoft Office。

WPS Office 支持办公软件最常用的文字、表格、演示等多种功能，并且提供海量的在线存储空间及文档模板，全兼容 Word、Excel、PPT、PDF 主流文件格式及 20 余种非主流格式，并且支持查看、创建和编辑各种常用 Office 文档。分为 PC 版和移动版，可以使用同一个账号登录，满足随时随地办公的需求。

Microsoft Office 包 含 有 Microsoft Word、Microsoft Excel 和 Microsoft PowerPoint 等 3 种手机办公软件，并且支

持云存储，可以在手机和计算机上同步文档。

下图所示为 Microsoft Word 界面。

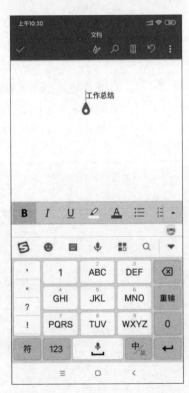

下图所示为 Microsoft Excel 界面。

下图所示为Microsoft PowerPoint界面。

7.2 文字文档的编辑

文字文档一般是指 Microsoft Word 文档，是 .doc 或 .docx 格式的文档，是办公文档中最常用的文档之一。本节以 Android 设备上的 WPS Office 软件为例，介绍对文字文档编辑的方法。

1. 新建文字文档

在办公室以外的场地进行移动办公的时候，如果身边没有计算机等设备，可以直接通过手机新建文字文档。具体操作步骤如下。

步骤 01 打开手机上的 WPS Office 软件，进入 WPS 手机版【首页】界面，点击红色【+】号（即【新建】按钮）。

步骤 02 底部弹出窗口，选择新建文字文档的类型，点击【新建文档】按钮。

步骤 03 进入【新建文档】界面，点击【＋】下的【新建空白】按钮。

提示 软件提供了很多文字文档模板，如果开通会员，相关模板资源都可以免费下载。

步骤 04 新建空白文档并进入文档的编辑模式，编辑完文档，点击左上角【保存】按钮进行文档保存。

步骤 05 进入【保存】界面，根据需要选择保存位置，输入新建文档的名称，选择文档的格式类型，最后点击【保存】按钮，将文档保存在手机指定位置。

> **提示** 文字文档的保存格式有 .doc、.docx、.txt、.pdf 4 种，可以根据需要进行选择，但是 .pdf 格式需要升级为会员才能够使用。

步骤 06 进入文档的阅读模式，此时可根据需要，点击底部【分享】按钮，分享编辑完成的文档，或发送给其他人及其他设备。

步骤 07 底部弹出【分享与发送】窗口，根据需要选择其中一种方式，点击相应的按钮即可。

> **提示** 使用分享与发送文件的功能，需要登录 WPS Office 账号，一般的账号（非会员）就可以使用该功能。

2. 编辑和修改文字文档

存储在手机内的文字文档，可随时根据工作需要进行编辑和修改。具体操作步骤如下。

步骤 01 打开手机上的 WPS Office。

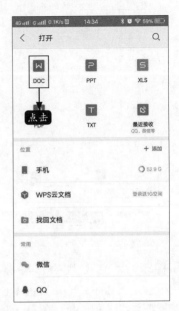

步骤 02 进入【首页】界面，点击【打开】按钮。

步骤 04 显示最近保存在手机上的所有文字文档，选择需要编辑的文字文档。

步骤 03 进入【打开】界面，选择文字文档

步骤 05 进入文档的阅读模式，点击左上角

【编辑】按钮。

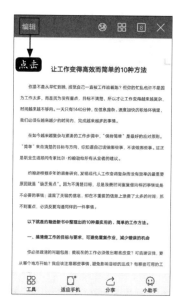

步骤 06 进入文档的编辑模式，之后可根据需要编辑文档。点击左上角【保存】按钮进行文档保存，然后点击【完成】按钮，退出编辑模式。

步骤 07 此时返回阅读模式，点击右上角【退出】按钮关闭文档。

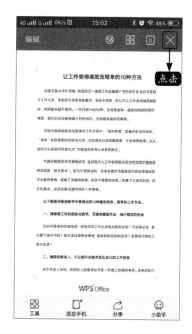

3. 设置文档字体样式

设置文档字体、字号是常用的文档编辑操作，设置字体的具体操作步骤如下。

步骤 01 打开手机上的 WPS Office，选中需要编辑的文档，进入编辑模式，点击底部【字体】按钮，将光标定位于需要调整字体的文字中，在弹出菜单中选择【选择】选项。

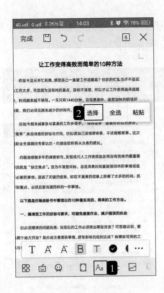

步骤 02 拖曳光标选中需要调整的句子或段落，点击底部【字体】弹出菜单中的【…】按钮。

步骤 03 打开文档设置窗口，选择【开始】选项，即可根据需要设置字号、字体、字体颜色等。设置完毕，点击左上角【保存】按钮保存文档，然后点击【完成】按钮，

退出文档的编辑模式。

步骤 04 此时进入文档的阅读模式，即可查看设置字体后的效果，如下图所示。

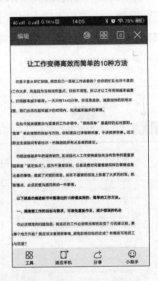

4. 设置段落样式

设置文档段落样式的具体操作步骤如下。

步骤 01 打开手机上的 WPS Office，进入所选文档的编辑模式，选中需要调整的段落，点击底部的【段落】按钮。

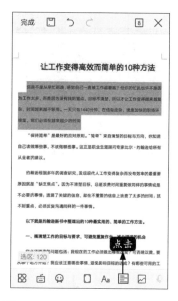

步骤 02 在弹出的段落菜单中，点击最右边【…】按钮。

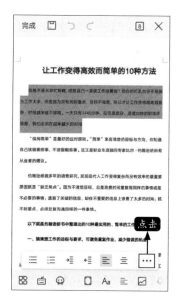

步骤 03 在底部弹出的窗口中，选择【开始】选项，点击【段落布局】按钮，即可对所选段落进行各种设置。完成设置后，点击左上角【保存】按钮保存文档。

提示 对文档的其他设置，这里不赘述。使用同样的方法，选择"文件""插入""查看""审阅"等不同的选项，即可进行对应的操作。

7.3 表格文档的编辑

表格文档是指 Microsoft Excel 电子表格文件，具有 .xls、.xlsx 等格式。

1. 新建表格文档

在手机上新建表格文档的具体操作步骤如下。

步骤 01 打开手机上的 WPS Office，进入【首页】界面，点击【新建】按钮。

步骤 02 在底部弹出的窗口中，点击【新建表格】按钮。

步骤 03 进入【新建表格】界面，点击【新建空白】按钮。

步骤 04 新建表格文档并进入编辑模式。编辑完文档，点击左上角【保存】按钮。

步骤 05 进入【保存】界面，根据需要选择保存位置，输入新建表格文档的名称，选择文档的格式类型，然后点击【保存】按钮，将文档保存在手机指定位置。

提示 表格文档的保存格式有 .xls、.xlsx、.csv、.et、.pdf 5 种，可以根据需要进行选择，需要登录 WPS 才能使用。

步骤 06 此时进入阅读模式，查看表格编辑后的效果，点击右上角【退出】按钮即可关闭文档。

2. 编辑和修改表格文档内容

对表格文档进行编辑和修改的具体操作步骤如下。

步骤 01 在 WPS 手机版【首页】界面点击【打开】按钮。

步骤 02 进入【打开】界面，根据要编辑的表格文档的类型，点击【XLS】按钮。

步骤 04 进入表格文档的阅读模式，点击左上角【编辑】按钮。

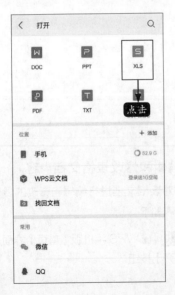

步骤 03 可以看到最近保存在手机上的所有表格文档，选择需要编辑的表格文档（本案例是选择【人力资源部年度工作计划表】）。

步骤 05 进入表格文档的编辑模式，编辑完文档，点击左上角【保存】按钮进行文档保存，然后点击【完成】按钮，退出文档的编辑模式。

步骤 06 此时返回文档的阅读模式，点击右上角【退出】按钮，关闭文档。

3. 在表格文档中插入图表

在表格文档中插入图表的具体操作步骤如下。

步骤 01 打开手机上的 WPS Office，打开所选表格文档，进入文档编辑模式。选中需要插入图表的单元格区域，点击底部最左边的【功能区】按钮。

步骤 02 在弹出的窗口中，选择【插入】选项，点击【图表】最右边的【…】按钮。

步骤 03 进入【图表】界面，默认的图表类型为【柱状图】，可以通过左右滑动界面选择图形的颜色以及图形的堆积方式。

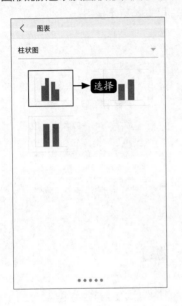

提示 点击【柱状图】右侧的下拉按钮，在弹出的菜单中可以选择图表类型。

步骤 04 返回表格文件，可以看到在所选的数据区域绘制出的图表，点击左上角【保存】按钮保存文档。

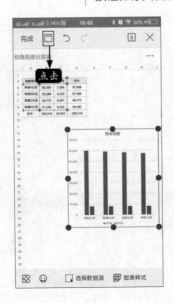

提示 拖曳图表周围的 8 个控制点，可以调整图表的大小。点击下方的【图表样式】按钮，可以更改图表的样式。

7.4 演示文档的编辑

演示文档就是 Microsoft PowerPoint 演示文稿，是指把静态文件制作成动态文件浏览。一份完整的演示文稿文件一般包含片头动画、PPT 封面、前言、目录、过渡页、图片页、文字页、封底、片尾动画等，其主要格式有 .ppt、.pptx 两种。

1. 在手机上新建演示文档

在手机上新建演示文档的具体操作步骤如下。

步骤 01 在 WPS 手机版【首页】界面点击【新建】按钮。

步骤 02 在底部弹出的窗口中，点击【新建演示】按钮。

步骤 03 进入【新建演示】界面，点击【WPS OFFICE】按钮。

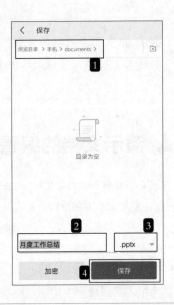

步骤 04 新建演示文档，并进入编辑模式。编辑完文档，点击左上角【保存】按钮。

<table>
<tr><td>提示</td><td>演示文档的保存格式有 .pptx、.ppt、.pdf 3 种，可以根据需要进行选择，但是需要登录WPS 才能使用。</td></tr>
</table>

步骤 06 进入演示文档的阅读模式，点击右上角【退出】按钮，关闭文档。

步骤 05 进入【保存】界面，根据需要选择保存位置，输入新建文档的名称，选择文档的格式类型，然后点击【保存】按钮，将文档保存在手机指定位置。

2. 编辑和修改演示文档

编辑和修改演示文档的具体操作步骤如下。

步骤 01 进入 WPS 手机版【首页】界面，点击【打开】按钮。

步骤 02 进入【打开】界面，根据要编辑的演示文档类型，点击【PPT】按钮。

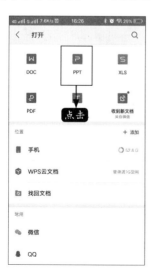

步骤 03 显示最近保存在手机上的所有演示文档，选择需要编辑的演示文档（本案例是选择【科技产品展示模板】）。

步骤 04 进入所选演示文档的阅读模式，点击左上角的【编辑】按钮。

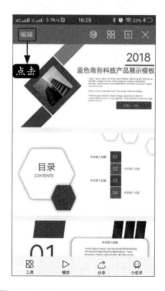

步骤 05 进入演示文档的编辑模式，编辑完文档，点击左上角【保存】按钮保存文档，

然后点击【完成】按钮，退出编辑模式。

步骤06 返回文档的阅读模式，点击右上角【退出】按钮，关闭文档。

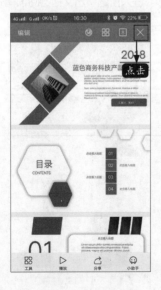

3. 在演示文档中插入图片

在演示文档中插入图片的具体操作步骤如下。

步骤01 打开手机上的 WPS Office，选中需要编辑的演示文档，进入演示文档的编辑模式，选中需要插入图片的幻灯片，点击底部左下角的【功能区】按钮。

步骤02 弹出常用命令窗口，选择【插入】选项，选择【图片】选项。

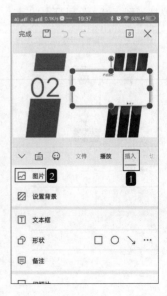

步骤 03 进入【插入图片】界面，选择所需要插入图片的存储位置（本案例是选择【相册】选项），选中图片后，点击【确定】按钮。

完毕，点击左上角【保存】按钮保存文档，点击【完成】按钮，退出演示文档的编辑模式。

步骤 04 可以看到所选图片已经插入相应的幻灯片中，将图片调整到适当位置，编辑

步骤 05 此时返回演示文稿的阅读模式，查看图片的插入效果，如下图所示。

7.5 打印手机上的办公文档

在日常办公的过程中，打印文档是经常会遇到的工作。当接收到别人发送到手机的文档，或者外出办公时需要打印的文档存储在手机里的时候，如果要打印手机内的文档，主要有以下两个方法。

方法一：通过手机将文档传送到计算机上进行打印

如果旁边有连接打印机的计算机，可以通过手机上的微信或者 QQ 将手机上的文档发送到计算机上，或者通过数据线将手机上的文档复制到计算机上，然后由计算机连接打印机进行文档打印。

方法二：借助手机上的第三方软件进行打印

直接用手机连接到打印机并迅速打印文档，这时可以借助手机 QQ 的打印功能。具体操作步骤如下。

步骤 01 在连接了打印机的计算机上登录 QQ，然后登录手机上同样的 QQ 账号，打开发送过来的需要打印的文档。

步骤 02 在打开的文档界面中，点击右上角【…】按钮。

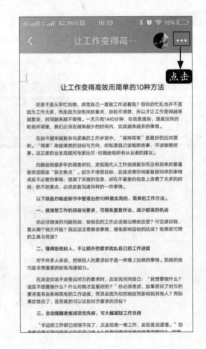

步骤 03 在底部弹出的窗口中，点击【打印】按钮。

以打印出需要的文档。

步骤 04 进入【打印选项】界面，在【打印机】处选择当前计算机连接的能打印的打印机型号，在【份数】处点击【＋】或【－】设置文档打印份数，在【双面】处进行单双面选择，最后点击【打印】按钮，就可

提示 该方法不需要复制或者传输文档，只需要在连接了打印机的计算机上登录 QQ 即可，简单便捷，节省时间。

🔓 干货分享 1：多人协同编辑

在远程办公时，经常会需要远程多人编辑同一文档，这时可使用 WPS Office 的在线协作功能，促进团队之间的合作，提高办公效率。

步骤 01 打开手机上的 WPS Office，登录账号，进入 WPS 手机版【首页】界面，勾选需要编辑的文档，底部弹出窗口，点击【更多】按钮。

步骤 02 在弹出的窗口中，选择【多人编辑】选项。

步骤 04 弹出【邀请好友】窗口，选择合适的邀请方式（本案例选择微信【发送给朋友】方式）。

步骤 03 进入【多人编辑】界面，点击【邀请好友】按钮。

步骤 05 在微信联系人中选择需要协同编辑

的成员，待对方同意邀请后，返回【多人编辑】界面，可以看到所邀请的成员已在列表中，点击【多人编辑】按钮。

步骤 06 进入文档的【多人编辑】模式，点击左下角的【编辑】按钮，就可以进行文档编辑。

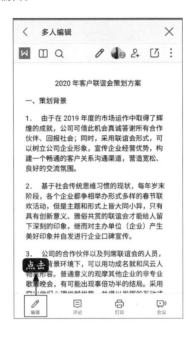

干货分享 2：语音批注

WPS Office 的语音批注功能针对文档内容进行语音批注，通过语音沟通协作，更加符合移动场景，能大大提高办公效率。

步骤 01 打开手机上的 WPS Office，选中需要批注的文档，进入文档的编辑模式，点击左下角【功能区】按钮。

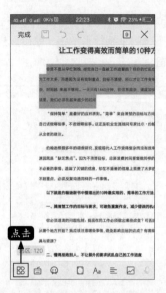

步骤 02 在弹出的窗口中，点击【审阅】按钮，选择【进入语音批注模式】选项。

步骤 03 长按底部的【按住 说话】按钮，录入语音。

步骤 04 录入完成后即可看到语音显示在需要批注的段落旁边。批注语音录入完毕后，点击左上角【保存】按钮，即可将文档发送给相关人员进行查看和收听。

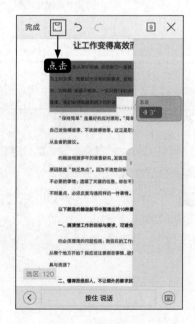

提示 添加了语音批注的文档，只能在手机上的 WPS Office 中进行收听，PC 版无法进行收听，但可将语音转换为相应的文字。

🔒 干货分享 3：手机秒变扫描仪

在办公室办公，如果需要扫描文件，可以使用办公室复印机或者扫描仪等硬件设备。如果在外移动办公，没有这些硬件设备的时候，可以把手机变成扫描仪。WPS Office 的该功能能把资料都扫描成 PDF 文件存在手机里，可以帮助人们更加方便地处理工作。值得注意的是，文件被扫描成 PDF 格式后，还能进一步将 PDF 格式转换成 Word 格式。这样在处理一些图片形式的文字资料时，就可以用这个功能将图片文字转变成可编辑的状态。

步骤 01 打开手机上的 WPS Office，在【首页】界面点击右上角【应用】按钮。

步骤 02 进入【应用】界面，下拉界面至【图片处理】处，点击【拍照扫描】按钮。

步骤 03 将需要拍照扫描的文件进行拍照，点击【保存】按钮。

步骤 05 进入【保存】界面，设置保存的位置并输入文件的名称，点击【输出为 PDF】按钮即可将照片文件导出为 PDF 文件。

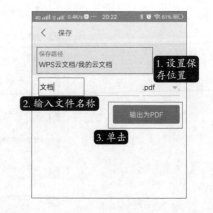

步骤 04 选中需要的照片文件，点击右下角【导出文档】按钮。

提示 这样就把拍照扫描的文件都转换为 PDF 文件保存在手机里面，随时可以使用。

步骤 06 将文件转化为 PDF 格式后，还可以根据需要将这些文件转化为其他格式。点击左上角【编辑】按钮，可选择需要转换的文件格式（本案例选择【PDF 转 Word】选项）。

步骤 07 可以看到刚才的 PDF 文件已经转换为可编辑的 Word 文件。

🔒 干货分享 4：WPS Office 多人同步观看 PPT

　　如果在办公室开会，可以在办公室打开电视机或者投影仪，进行演示文档的投影，从容地进行方案讲解。但是假如双方都在异地，需要商讨方案，没有投影仪也没有电视机，甚至连计算机都没有，这时要如何展示精心制作的演示文档呢？此时，WPS Office 的会议播放功能就能够起大作用了。

　　会议播放由一位用户发起，其他用户可通过扫描二维码或接受邀请加入。然后，每个用户的手机上会同步显示演示者的文档，这种方式非常适合小范围讨论时使用。

步骤 01 以 iOS 系统手机为例，打开手机上的 WPS Office，点击底部中间【应用】按钮。

步骤 02 进入【应用】界面，下拉界面至【演示播放】处，点击【会议】按钮。

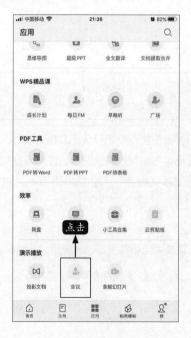

步骤 03 进入【WPS 会议】界面，可以根据参会人员的类别，选择【加入会议】或【发起会议】。本案例选择作为发起人，点击【发起会议】按钮。

步骤 04 进入会议界面，点击【＋】按钮邀请参会人员。

步骤 05 进入【邀请加入】界面，邀请方式有【微信】【QQ】【邮件】【复制链接】或者 WPS 扫码（本案例选择【微信】方式邀请参会人员）。

步骤 06 返回会议界面，可以看到所邀请的参会人员已加入，点击【播放文档】按钮，选择要播放的文档。

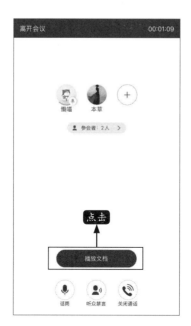

步骤 **07** 会议中即可边播放文档，边开会讨论，高效率完成工作任务。

08

如何快速准确地实现
文件的传输和同步

电子化办公使纸质文档的使用量大大减少，大部分文档都能够储存在计算机或手机里。但是随着电子文档的数量不断增加，要用的文档找不到的情况也经常发生，文档的整理和归纳成为一个重要的解决方式。

同时，一份文档可能会经过不同的部门批复、修改，在公司内部反复传输，形成多个版本，这样很容易造成混淆。如果一份文档能够允许多人同时进行修改，那就不需要再反复传输文档了。

8.1 整理公司文件及过往资料的方法

一家公司从成立起，每天都会产生大量的文件，可能每个文件都会有专门的人员负责整理归纳，但是如果需要找回前一年甚至前两三年的文件，就不是很容易的事了。首先已经不记得当时由谁负责保存这个文件，其次也不确定这份文件是否还保存在公司的计算机里。

如果使用企业网盘，把公司的重要文件以及相关资料定期进行整理和备份，就不用再担心因为人员流动而造成文件丢失，更好地解决企业内找文件难的问题。

目前市面上的企业网盘有很多，如阿里巴巴企业网盘、亚马逊云共享网盘、企业微信微盘、石墨文档等。企业网盘的功能大同小异，不管使用哪个品牌的企业网盘，整理文件的方法大致是一样的。

下面为大家讲解一下如何用企业网盘对公司的文件资料进行储存整理，本次的方法讲解以企业微信微盘为例。

1. 打开企业微信微盘

步骤 01 下载、安装并打开企业微信，在界面下方点击【工作台】按钮。

步骤 02 进入【工作台】界面，点击【微盘】按钮，打开企业微信微盘。

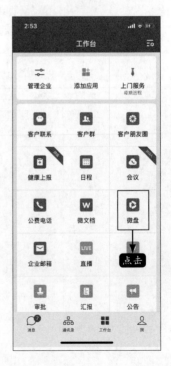

2. 设置企业文件管理架构

一家公司的文件既包含了内部机密文件，也包含了对外的文件，各部门内也有不方便被其他部门同事浏览的机密文件。所以一家公司的文件管理架构不仅牵涉到公司的日常运作，还牵涉到企业的信息安全，不可忽视。

如果企业注重信息管理及协作，不妨根据企业实际需要制定一套详细的企业信息资料管理制度。

如果对企业网盘的功能和使用方法尚未熟练，不妨试一试根据企业组织架构来设置企业的文件管理架构。

步骤01 列出公司组织架构，以树状图的形式列出公司名称、总经理、层级部门、部门内小组的名称以及对应负责人。

步骤02 根据组织架构模型建立文件夹，并指定部门或小组负责人为对应文件夹的负责人，给予管理权限。

案例分享：

飞鸟贸易有限公司需要用微盘储存公司文件及资料，打算根据企业组织架构建立一个文件管理架构。

1. 列出内部组织架构

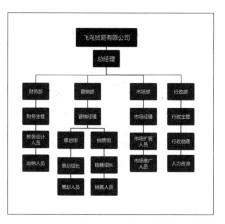

2. 根据组织架构模型建立文件夹

（1）以部门名称分别建立对应的储存空间

步骤01 打开企业微信微盘。

提示 微盘内的文件夹分为两个部分：上方是个人文件夹，该文件夹内的内容仅账号本人可以看到；下方是共享文件夹，共享文件夹内又默认分为"机密文件"和"公司资料"两个文件夹，"回收站"里是被删除的文件。

步骤 02 进入【微盘】界面，点击界面上方的【＋】按钮。

步骤 03 进入【创建空间】界面，在【空间名称】文本框内输入部门名称，如【财务部】，点击右上角的【完成】按钮。

步骤 04 回到【微盘】界面，查看该部门空间是否创建成功。

提示 继续按上面的步骤依次把其他部门空间建立起来。

需要注意的是，在飞鸟贸易有限公司的组织架构图里，营销部内还分为"策划组"和"销售组"，因此营销部的空间内还需要为两个小组各建立一个属于小组的文件夹。

部门及小组对应的文件夹新建完毕以后，还需要为各个文件夹设置相应的负责人及权限。

（2）设置空间成员及权限

步骤 01 打开【微盘】界面，选择需要设置的部门空间，进入该部门空间（本案例选择【行政部】）。

步骤 02 进入【行政部】空间界面，点击界面上方最右侧的【…】按钮。

步骤 03 进入【空间信息】界面，点击【添加成员】按钮。

步骤 04 从企业通讯录中勾选要添加的成员，然后点击右下角的【确定】按钮。

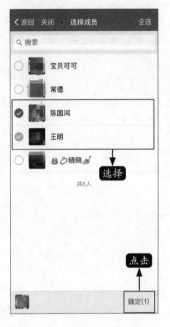

步骤 05 进入【成员权限设置】界面，点击成员右侧的【可编辑】按钮。

步骤 06 在弹出的【权限设置】窗口设置成员的权限，这里选择【可编辑】选项。

步骤 07 回到【成员权限设置】界面，点击右上角【完成】按钮即可保存设置信息。

只有被添加进该部门空间的成员才能浏览或编辑该部门的文件，这样就等于每个部门都有一个独立的文件储存空间了。

回顾刚才介绍的整理公司文件及资料的方法，首先梳理好企业内部的组织架构，然后根据组织架构为每个部门建立对应的文件空间，最后对文件空间内的成员及权限进行设置。这些步骤都完成以后，各部门根据实际需要在空间内上传文件即可。

8.2 不再反复传文档，大家可以协同写方案

如果要完成一份小组合作的方案，一般有哪些方法呢？

是先等同事 A 完成了开头，再发送给同事 B 补充内容，最后发送给同事 C 进行总结？还是大家各自为政，把自己的部分独自完成了再汇总？这两个方法在效率和协作交流的效果上似乎都不太理想。我们可以试一试利用文档软件的共同协作功能来写一份方案。

现在的文档软件基本都可以邀请小组成员一起同时编辑同一份文档，并且编辑修改后的内容也能实时更新到文档内，使参与协作的成员都能够看到更新的内容。这样就可以避免同一份文档反复传输导致出错的情况，而且可以提高团队的协作效率。

下面我们分别以石墨文档和 WPS Office 为例，讲解如何在手机上进行文档的共同协作。

8.2.1 石墨文档协作

石墨文档有两种方法可以添加协作者，一种是在首页直接添加协作者，另一种是在文档内添加协作者。

方法一：在首页直接添加协作者

步骤 01 打开石墨文档，在【我的桌面】找到目标文档，并点击目标文档右侧的【更多】按钮。

步骤 02 在弹出的窗口中，选择【添加协作者】选项。

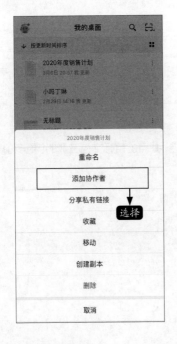

步骤 03 选择添加协作者的途径，选择【通过微信邀请朋友协作】选项。

提示 要添加同事 A 为协作者，如果同事 A 在石墨文档的联系人中，可以选择【从石墨文档联系人添加】选项；如果同事 A 是微信或手机号联系人，可以选择【通过微信邀请朋友协作】或【通过手机号邀请协作者】选项。

步骤 04 手机将会自动跳转到微信界面，选择要发送邀请的微信好友。如果是需要部门多个同事协作的文档，可以直接发送至部门群组里。

步骤 05 在弹出窗口中，点击右下角【发送】按钮。

步骤 06 显示【已发送】，表示文档已经发送成功，群组内的成员都可以通过发送的链接在文档内同步协作了。

步骤 07 群组内的成员在微信聊天记录中点击文档链接，即可打开该文档。

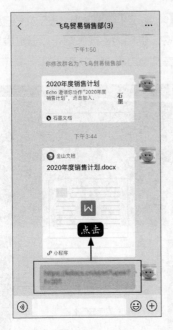

步骤 08 把光标移至要编辑的地方，输入内容后，文档将会自动保存修改的内容，编辑完成后点击左上角的【×】按钮直接关闭文档。

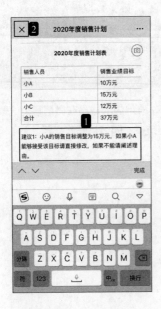

方法二：在文档内添加协作者

步骤 01 打开石墨文档，在首页找到目标文档，点击打开文档。

步骤 02 进入文档后，点击界面右上角的【…】按钮。

步骤 03 在弹出窗口内进行选择，如果要添加的协作者是石墨文档内的联系人，可以直接点击头像右侧的【＋】按钮；如果不是的话，可以点击头像下方的【协作者】按钮。

步骤 04 如果点击【协助者】按钮，会跳转至方法一第 4 步所示的界面。

步骤 05 如果选择【通过微信邀请朋友协作】选项，可以依照方法一的第 05~08 步操作；如果选择【通过手机号邀请协作者】选项，可以在文本框内输入被邀请人的手机号码，然后点击【邀请】按钮。

步骤 06 显示邀请成功后，对方将会收到一条短信提醒。

通过这个方法，即使对方不是你的微信好友或石墨文档联系人，也能够邀请他一起来共同协作文档。

8.2.2 WPS Office 协作

WPS Office 同样可以选择在首页直接添加协作者，或者在文档内添加协作者。

方法一：在首页直接添加协作者

步骤 01 打开 WPS Office，在首页找到目标文档，然后点击文档最右侧的【ⓘ】按钮。

步骤 02 进入【文档信息】界面，点击界面最下方的【多人编辑】按钮。

步骤 03 在新窗口中，点击下方的【进入多人编辑】按钮。

步骤 04 在【邀请他人一起写】界面中，在界面下方的选项中选择合适的方式邀请同事一起进行文档协作。选择【QQ】或【微信】，可以直接把文档发送到 QQ/微信的对话框内；选择【联系人】，可以从手机通讯录中选择联系人发送协作邀请；选择【复制链接】，文档会以文字链接的形式复制到手机粘贴板中，可以粘贴至文档内或以链接的形式发送给其他人。

步骤 05 本案例点击【微信】按钮，手机自动跳转到微信界面。选择要邀请的微信好友，如果是需要部门多个同事协作的文档，可以直接发送至部门群组里。

步骤 06 在弹出的窗口中，点击右下角的【发送】按钮。

步骤 07 显示【已发送】，表示文档已经发送成功，群组内的成员都可以通过点击发送的链接在文档内同步协作了。

步骤 08 群组成员可以在微信对话框内点击打开文档。

步骤 09 打开文档后，点击界面上方的【✎】按钮，可转为编辑模式。

步骤⑩ 把光标移至要编辑的地方，输入内容，文档将会自动保存修改的内容。编辑完成后，点击界面右上角的【 ⊙ 】按钮直接退出。

方法二：在文档内添加协作者

步骤① 打开 WPS Office，在首页找到目标文档。

步骤② 打开文档，点击界面右下角的【分享与发送】按钮。

步骤③ 在弹出的窗口内，选择【邀请他人一起写】选项。

步骤 04 打开【邀请他人一起写】界面，在界面下方的选项中，选择合适的方式邀请同事一起进行文档协作。

步骤 05 如果选择【复制链接】选项，界面提示【复制成功】，表示文档链接已经复制到手机粘贴板中。

步骤 06 回到微信聊天界面，把链接粘贴发送给对方，对方通过点击链接可以进入文档进行共同协作。

提示 复制链接后，可以通过QQ、电子邮件、短信等方式，把链接发送给同事。点击链接后可以使用浏览器进入文档，不受限于平台，甚至还可以把链接插入其他文档内，以方便在多种场景下进行文档共同协作。

8.3 不用数据线，轻松实现计算机与手机文件互传

十几年前，用 U 盘、SD 卡和读卡器在不同计算机间传递文件。几年前，随着智能手机的不断普及，用数据线实现计算机与手机之间文件的互传。

如今，移动办公成为主流，文件的传输变得更加简单快捷，完全可以抛弃传统的存储和传输模式，只要有计算机、智能手机和网络，就可以实现计算机与手机之间文件的互传。

8.3.1 使用 QQ 文件助手

QQ 的使用比较广泛，除了通过 QQ 给好友发送文件外，还可以使用 QQ 文件助手在手机和计算机之间传输文件，使用 QQ 在手机和计算机间传递文件需要注意以下几点。

① 在手机和计算机之间通过 QQ 互传文件，必须使用同一个 QQ 账号。

② 当手机和计算机同时登录同一个 QQ 账号，互传的文件可直接接收到。当仅在手机或计算机中登录 QQ 账号，发送文件后，使用另一个设备登录同一个账号，即可接收文件。

③ 在同一 Wi-Fi 环境下进行文件传输，可以大大提高传输速度。

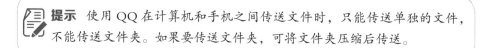

提示 使用 QQ 在计算机和手机之间传送文件时，只能传送单独的文件，不能传送文件夹。如果要传送文件夹，可将文件夹压缩后传送。

1. 计算机传送文件至手机

在计算机中编辑文件后，可通过 QQ 将文件发送到手机中，下面以 Android 设备为例，介绍将计算机中的文件传送到手机的方法。具体操作步骤如下。

步骤 01 在计算机中打开 QQ 界面，选择【联系人】→【我的设备】→【我的 Android 手机】选项。

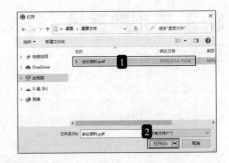

步骤 04 将计算机中的文件传送到手机。

步骤 02 打开【我的 Android 手机】窗口，单击【传送文件】按钮。

步骤 05 打开手机 QQ，即可看到计算机传送的文件，之后可进行查看、转发、编辑等操作。

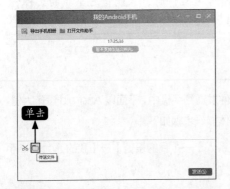

步骤 03 在弹出的【打开】对话框中，选择要传送的文件，单击【打开】按钮。

📝 **提示** 也可以直接将要发送的文件拖曳至【我的 Android 手机】窗口中，实现将计算机中的文件传送到手机的操作。

2. 手机传送文件至计算机

通过手机 QQ 将文件发送到计算机的具体操作步骤如下。

步骤01 打开手机中的 QQ，在主界面依次点击【联系人】→【设备】→【我的电脑】按钮。

步骤02 打开【我的电脑】界面，点击下方的【手机文件】按钮。

步骤03 打开【手机文件】界面，选择要发送的文件，点击右下角的【发送】按钮。

步骤04 将手机中的文件发送到计算机。

位置，就可以通过在手机和计算机中同时登录 QQ，并使用手机 QQ 查看计算机中的文件，然后将文件发送至"我的电脑"，这样即可通过手机 QQ 的消息记录打开文件，从而实现计算机与手机间文件的传送。具体操作步骤如下。

步骤 01 打开手机上的 QQ，在主界面依次点击【联系人】→【设备】→【我的电脑】按钮，打开【我的电脑】界面，点击下方的【我的电脑】按钮。

步骤 05 在计算机中即可接收文件，并执行打开、复制、转发等操作。

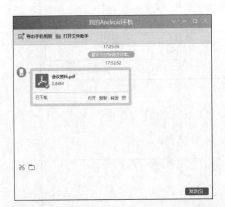

3. 通过手机 QQ 查看并发送计算机中的文件

如果在家办公时，需要使用计算机中的文件，而在办公室的同事找不到文件的

步骤 02 打开【电脑文件】界面，点击下方的【申请授权】按钮。

步骤 03 计算机上将会打开【权限请求】对话框,输入 QQ 密码两次,单击【授权】按钮。

步骤 04 在手机 QQ 中再次输入 QQ 密码,点击【确定】按钮。

步骤 05 此时即可在手机 QQ 中显示出计算机的信息。

步骤 06 选择要传送文件的位置,点击该文件。

步骤 07 在手机 QQ 中打开该文件,点击右上角的【更多】按钮,在下方弹出的窗口中点击【发给电脑】按钮。

步骤 08 返回至【我的电脑】界面，即可在消息窗口中看到发送的文件，这时可通过消息记录查看并转发该文件。

8.3.2 使用微信文件传输助手

微信是大多数人常用的社交软件，可通过手机版、网页版和 PC 版 3 种形式登录使用。微信提供移动办公功能，不仅能随时与他人沟通，通过微信的文件传输助手还可以实现计算机与手机互传文件的操作。

> **提示** 微信和 QQ 的使用方法类似，传送文件时，需要使用同一账号登录 PC 端和手机端微信。

1. 计算机传送文件至手机

通过微信文件传输助手可以将计算机中的文件发送到手机中。具体操作步骤如下。

步骤 01 通过手机微信扫描二维码登录 PC 端微信，选择【手机】→【文件传输助手】选项。

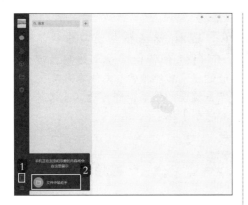

步骤 02 打开【文件传输助手】窗口，单击【文件】按钮。

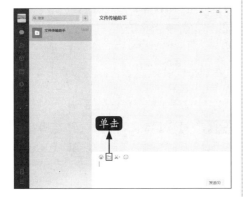

步骤 03 在弹出的【打开】对话框中，选择要传送的文件，单击【打开】按钮。

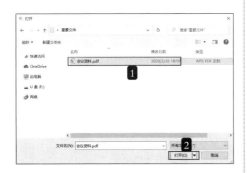

步骤 04 将选择的文件添加至聊天窗口中，单击【发送】按钮。

提示 也可以直接将要发送的文件拖曳至【文件传输助手】窗口中，单击【发送】按钮，将计算机中的文件传送到手机。

步骤 05 完成文件的传送。

步骤 06 打开手机微信，即可看到计算机传送的文件，之后可以进行查看及转发等操作。

2. 手机传送文件至计算机

通过手机微信将文件发送到计算机的具体操作步骤如下。

步骤 01 打开手机微信，进入【文件传输助手】界面，点击【添加】→【文件】按钮。

提示 如果微信窗口中找不到【文件传输助手】选项，可以通过搜索功能搜索【文件传输助手】。点击搜索的结果，即可进入【文件传输助手】界面。

步骤 02 打开【微信文件】界面，选择要发送至计算机的文件，单击右上角的【发送】按钮。

步骤 03 弹出【发送给：】窗口，如果需要留言，可在下方文本框内输入留言内容，点击【发送】按钮。

步骤 04 完成使用微信将手机中的文件发送到计算机的操作。

步骤 05 在微信 PC 端即可接收到文件，之后可以通过打开、转发及另存为等操作，编辑或存储文件。

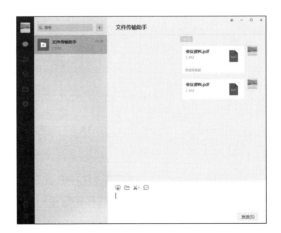

8.4 文件的同步：尽可能选择简单的工具

前面介绍了计算机与手机互传文件的方法，但是这种方法只适合临时的文件传输，如果需要传输的文件较多，逐个传输文件未免太慢了。

有没有一个简单的工具能够实现计算机与手机的文件同步或者实现办公室计算机与家里计算机的文件同步呢？这时可以使用"坚果云"。

坚果云是国内科技公司开发的一款网盘传输软件，可进行文件传输，同时可支持多平台文件夹同步。使用坚果云同步文件的操作如下。

步骤 01 分别在计算机和手机上下载安装【坚果云】客户端。

步骤 02 在 PC 端登录，单击【我的坚果云】即可打开文件夹。

步骤 03 把要同步的文件夹复制到弹出的窗口中，完成后关闭窗口。

步骤 04 回到 PC 端界面，等待界面下方提示【同步已完成】。

提示 上传文件与网盘中已存在的文件有重复时，软件将自动忽略重复部分，只上传有修改或不重复的文件，缩短上传时间，提高上传效率。

步骤 05 在手机上打开坚果云，点击进入【我的坚果云】文件夹。

步骤 06 可以看到刚才同步的【共享资料】文件夹，这样就成功把计算机中的文件同步到手机中了。

> 📝 **提示** 如果家中的计算机也安装了"坚果云"客户端，只要在办公室把需要的文件放进"坚果云"，回家后在计算机上登录客户端，就可以直接查看和使用这些文件。

8.5 给数据插上翅膀：妙用云存储

将数据存放在云端，可以节省手机空间，防止数据丢失，使用时下载至手机即可。下面以百度网盘为例介绍使用云存储的方法。

8.5.1 下载百度网盘上已有的文件

步骤 01 在应用商店搜索【百度云】下载并安装【百度网盘】。

步骤 02 打开百度网盘，根据提示选择合适的方式登录。

步骤 03 登录后会自动跳转到【功能设置】

界面，进行相关的功能设置，然后点击【完成】按钮。

步骤 04 在软件首页点击界面下方【文件】按钮，切换到文件夹界面，然后点击打开【我的资源】文件夹。

步骤 05 在【我的资源】文件夹界面，找到目标文档，点击打开。

载】按钮即可下载。

步骤 06 进入文档浏览界面，点击下方的【下

8.5.2 上传文件到百度网盘

步骤 01 打开百度网盘，首先点击界面下方的【文件】按钮，切换到【文件】界面，然后点击界面上方的【＋】按钮。

步骤 02 在弹出窗口中按需求选择上传内容的类型，Word 文档、PPT 文档、Excel 文档以及 PDF 文档等都可以上传，在这里点击【上传文件】按钮。

步骤 03 自动切换至手机文档存储的界面，找到要上传的文件并点击。

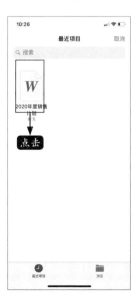

步骤 04 在弹出窗口中选择保存文件的位置，默认为【我的网盘】，即直接保存在首页，然后点击【上传】按钮。

步骤 05 上传成功后，在百度网盘的【文件】界面的首页就可以看到上传的文件。

8.6 如何快速传输超大文件

如果工作中需要发送一个超过 2GB 的超大文件该怎么办呢？

超大文件的传输常常令人很头疼，因为微信、QQ 等对传输文件的大小有限制；而传统网盘（如百度网盘）对下载速度限制较大，过大的文件常常要耗时很久才能下载完成。

下面分享两个快速传输超大文件的方法。

8.6.1 使用坚果云团队版

步骤 01 在计算机上打开坚果云客户端，单击上方【坚果云】按钮，可直接进入网页版进行设置。

步骤 02 在浏览器内进入网页版坚果云后，单击右上角的【管理团队】按钮。

步骤 03 切换至【管理团队】界面后，在界面左侧选择【成员管理】选项。

步骤 04 在弹出的对话框内输入邀请成员的【空间配额】，然后单击【创建】按钮。

步骤 05 单击链接右侧的【复制】按钮复制

链接，或把鼠标指针移至二维码图片，单击右键选择保存图片，然后单击【关闭】按钮。

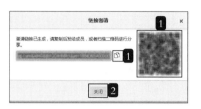

步骤 06 把链接或二维码发送给同事，同事通过该链接或二维码就可以加入坚果云团队。

步骤 07 回到网页版坚果云，选择【管理团队】→【成员管理】选项，找到该名同事。

步骤 08 单击同事名称右侧的【同步文件夹】按钮，可查看到该同事名下有两个文件夹。其中文件夹【我的坚果云】是每个成员的

独立文件夹，里面的内容是私密的；文件夹【耀光贸易有限公司】则是团队共享文夹，里面的内容默认是团队成员共享的。

步骤 09 在计算机上打开坚果云客户端，单击【耀光贸易有限公司】文件夹并打开它。

步骤 10 把要传输的文件复制到文件夹内，然后单击【关闭】按钮关闭文件夹。

步骤 11 在计算机上的客户端界面，等待界面下方显示【同步已完成】，表示该文件已经同步至网盘，共享文件夹的同事在计算机或手机上安装坚果云客户端就可以下载该文件了。

8.6.2 使用文叔叔网盘

文叔叔网盘的最大亮点是不限制上传和下载文件的速度，而且免费使用，对于小团队互传文件或个人储存文件都比较适用。

步骤 01 在浏览器地址栏中输入文叔叔网盘地址，然后在首页单击【选择文件】按钮，或者把文件拖拽至白色区域内。

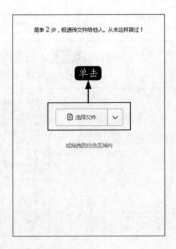

步骤 02 添加文件成功后，单击【发送】按钮。

步骤 03 上传成功后，单击【复制】或【二维码】按钮。

步骤 04 把复制的链接或二维码发送给同事。

步骤 05 对方在手机上打开链接或扫描二维码后，在出现的界面上可以选择点击【转存】或者【下载】按钮。点击【转存】按钮可以把文件转存至对方的文叔叔网盘，点击【下载】按钮可以把文件下载到手机或计算机上。

🔒 干货分享 1：把大文件变成小文件

文件太大的话，不管是传输给同事还是自己使用起来都不太方便，那有没有方法可以让大文件变成小文件呢？

方法 1：转换为 PDF 格式

如果文件里包含的图片比较多，导致文件体积太大而不方便传输，那可以试试把它转换成 PDF 格式。

例如，工作汇报 / 会议展示经常会用到 PPT 文件，里面的内容通常以图片为主，因此文件较大，不方便用微信等社交软件进行传输。

除了 PPT 文件以外，Word 文件、Excel 文件都可以转换为 PDF 格式。转换为 PDF 格式的文件虽然体积可以大大减小，同时还可以避免格式错乱，但是不方便对文件进行编辑，所以这种方法也是有利有弊的，使用时应结合实际需求。

方法 2：对文件内的图片进行压缩处理

步骤 01 打开文件，单击文件内的任意一张图片，文件上方的工具栏将会自动跳转至【图片工具】选项卡。

步骤 02 单击【图片工具】下方的【压缩图片】按钮，然后在弹出的对话框中选择【文档中的所有图片】【打印】【压缩图片】【删除图片的剪裁区域】选项，最后单击【确定】按钮即可保存设置。

步骤 03 回到文件界面，单击左上角的【保存】按钮或按【Ctrl+S】组合键保存文件，然后关闭退出即可。

　　总结：在减小文件体积方面，"转换为 PDF 格式"比"压缩图片"的效果要更明显，但"压缩图片"的优势在于文件可以保持原有的格式，更方便团队共同协作编辑。

　　但并非所有文件经过这些处理后大小都会发生明显改变，一般来说，如果文件内包含的图片较多，且图片没有经过压缩处理，使用上面两种方法可以使文件的体积明显减小。

干货分享 2：文件太多，常常找不到想要的文件怎么办？

　　在家办公有一个令人头疼的问题就是需要用到的文件太多了，即使放进不同分类的文件夹，但是文件夹里的文件太多找起来也十分麻烦。因此除了应多用搜索功能搜索文件外，掌握正确的文件命名方式也十分重要。

　　首先要知道，文件 / 文件夹的排序除了按修改时间以外，默认是按照数字 / 字母 / 汉字拼音的首个字母的顺序来进行排序的。

　　结合这个规律，下面有两个诀窍可以提高我们找文件的速度。

　　① 在文件夹 / 文件的名字前面加上数字，如将"销售管理"改为"01 销售管理"。

　　这个方法可以用在文件夹的命名上，使用频率最高的文件夹为"01 XXXX"，随后是"02 XXXX"。

　　② 文件名前面加上日期数字，如 2 月 17 日完成的"销售报表"，可以命名为"0217 销售报表"。

　　这样做的好处就是通过搜索功能可以把不在同一个文件夹的关联文件一次搜索出来。

　　同样的技巧可以用到对某一个项目的所有文件的命名中，例如"项目 A"的相关文件有职工名单、项目进度报告、审批报告等，这些文件按分类的规则可能要放到不同的文件夹中，只要在相关文件的名字前都加上"项目 A"，那么搜索文件时输入"项目 A"，就可以一次搜索到该项目的所有相关文件了。

09

如何用手机
收发邮件

现在，移动智能设备已经普及，移动办公趋向日常化。移动办公中沟通是很重要的环节，除了面对面交流，电子邮箱是日常沟通较常用的工具，也是信息存储的介质。

在移动设备上使用电子邮箱，既能满足基本的沟通需求，也可以将信息有效留存，提升办公效率的同时又降低了移动办公成本。智能手机的普及更是让邮件的收发更为便捷。

本章主要介绍如何使用手机配置电子邮箱、收发邮件等。

9.1 选择一个得心应手的"邮箱神器"

电子邮件早已成为商务活动中不可或缺的通信工具之一，但无论是外出办事还是会议中，都很难做到随时随地监控电子邮箱。伴随移动互联网时代的到来和智能手机的快速普及，人们收发电子邮件的方式正在改变，越来越多的人使用移动设备收发电子邮件。

目前的智能手机不仅系统内置电子邮件功能，还有越来越多的手机邮箱软件（包括Android、iOS 以及多种系统版本）。

在目前的应用市场上，除了常用的QQ 邮箱，网易邮箱、Gmail 邮箱、阿里邮箱以及 139 邮箱等都是好用的手机邮箱软件。以 Android 设备为例，在其应用市场搜索栏输入"邮箱"两个字，就可以看到许多常见的手机邮箱软件。

以 iOS 设备为例，在其 App Store 中搜索"邮箱"两个字，可以看到不少手机邮箱软件。

如何选择邮箱软件？首先，在手机上安装的邮箱软件，需要以自己经常使用的邮箱类型为主，如果能够支持多方账号登录就更好了，目前很多邮箱软件都支持多方账号登录。

关于 QQ 邮箱软件，由于 QQ 作为日常社交软件，使用的人较多，所以使用 QQ邮箱的人数也不少，而且 QQ 邮箱避免了注册账号的麻烦，可以直接使用 QQ 账号登录操作。

本节以在 iOS 设备上安装 QQ 邮箱为例，介绍手机邮件的配置、邮件收发、多邮箱管理等功能。

9.2 配置你的手机邮箱

给自己的手机配置邮箱，需要结合自己常用的邮箱类型和手机型号，第一种方法是根据手机系统下载相应版本的邮箱软件手机版进行邮箱配置，第二种方法是使用手机自带的邮件功能进行邮箱配置。

9.2.1 下载邮箱进行配置

以 iOS 设备为例，在 App Store 内下载 QQ 邮箱，安装软件后，对手机进行邮箱配置。具体操作步骤如下。

步骤 01 打开手机上的 QQ 邮箱。

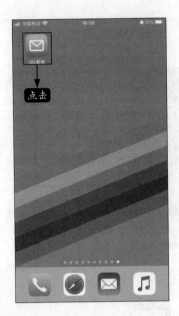

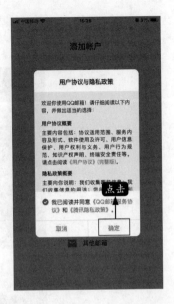

步骤 02 进入 QQ 邮箱，由于初次使用该软件，首先会进入【添加账户】界面，选择【QQ 邮箱】选项。

步骤 04 进入【选择以下方式登录】界面，选择适合自己的登录方式，本案例选择【QQ 账号密码登录】选项。

步骤 03 弹出【用户协议与隐私政策】窗口，阅读完毕，点击【确定】按钮。

步骤 05 根据提示，输入自己的 QQ 账号和密码，点击【登录】按钮。

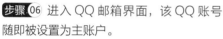 进入 QQ 邮箱界面，该 QQ 账号随即被设置为主账户。

9.2.2 使用手机自带邮件功能进行邮箱配置

如今有很多智能手机都自带邮件功能，下面以 iOS 设备为例，介绍如何使用手机自带邮件功能进行邮箱配置。具体操作步骤如下。

步骤 01 点击手机的【设置】按钮。

单，选择【密码与账户】选项。

步骤 02 进入手机的【设置】界面，下拉菜

提示 根据手机系统版本的不同，其【设置】中的账户设置也略有不同，应视具体手机类型来进行调整。

步骤 03 进入【密码与账户】界面，选择【添加账户】选项。

步骤 04 进入【添加账户】界面，根据需要添加的邮箱类别进行选择，本案例选择的是【QQ 邮箱】选项。

步骤 05 进入【QQ 邮箱】设置界面，根据提示输入需要添加的 QQ 邮箱的账号名称和密码等信息，点击【下一步】按钮。

步骤 06 返回上一级界面，可以看到新添加的邮箱账户已在列表中。

9.3 如何快速收发邮件

在手机上配置完邮箱账号后，就可以发送邮件和收取邮件了。

9.3.1 用手机邮箱发送邮件

下面以 iOS 设备上安装的 QQ 邮箱为例，介绍如何使用手机邮箱发送邮件。具体操作步骤如下。

步骤 01 打开手机上的 QQ 邮箱，进入邮箱首页，点击右上角【＋】按钮。

步骤 02 在下拉菜单中，选择【写邮件】选项。

步骤 03 进入【写邮件】界面，根据提示，完成邮件内容撰写，输入收件人、邮件地址和主题等，确认邮件内容输入完毕后，点击【发送】按钮，邮件发送完毕。

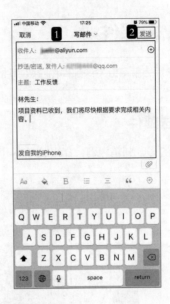

9.3.2 用手机邮箱收取邮件

下面以 iOS 设备为例，介绍如何通过 QQ 邮箱在手机上收取邮件。收取邮件有两种方法，一种是收取单个邮箱账号的邮件，另一种是收取所有邮箱账号的邮件。

方法一：收取单个邮箱账号的邮件

具体操作步骤如下。

步骤 01 登录手机上的 QQ 邮箱，进入邮箱首页，选择需要收取邮件的邮箱账号，本案例选择【QQ 的收件箱】选项。

步骤 02 进入 QQ 邮箱的收件箱界面，下拉界面，可以进行界面刷新，收取最新邮件。

方法二：收取所有邮箱账号的邮件

收取邮箱内所有账号的邮件的具体操作步骤如下。

步骤 01 登录手机上的 QQ 邮箱，进入邮箱首页，选择【所有收件箱】选项。

步骤 02 进入【所有收件箱】界面，此处为该邮箱内添加的所有账号的邮件，下拉界面，可以进行界面刷新，收取最新邮件。

9.4 查看已发送邮件

如果需要在手机上查看已经发送的邮件，具体操作步骤如下。

步骤 01 打开手机上的 QQ 邮箱，进入邮箱首页，下拉界面至【账户】处，选择需要查看的邮箱账户，本案例选择【QQ 邮箱账户】选项。

步骤 02 进入该邮箱账户界面，选择【已发送】选项。

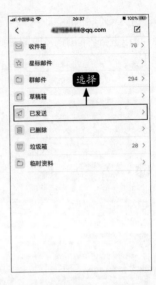

步骤 03 显示该邮箱账户下所发送的所有邮件，包括邮件附件。

9.5 为邮件添加附件

使用手机邮箱发送邮件，经常会碰到需要添加附件的情况，为发送的邮件添加附件的具体操作步骤如下。

步骤 01 打开手机上的 QQ 邮箱，进入邮箱首页，点击右上角【＋】按钮，在下拉菜单中选择【写邮件】选项。

步骤 02 在打开的【写邮件】界面写完邮件内容后，点击右下角【附件】按钮。

步骤 03 底部弹出选择窗口，根据附件的文件类型和储存位置进行选择，先点击最右边【…】按钮，然后点击弹出的【浏览】文本框右边的【…】按钮。

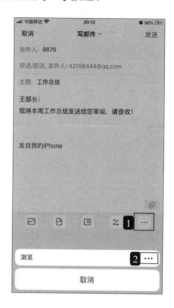

提示 为邮件添加附件时，可添加图片、文档等格式的文件。除了可以添加手机内储存的文件，还可以通过扫描添加附件、添加收藏的以往邮件中的附件等。

步骤 04 根据文件储存位置，选择需要添加的附件。

角【发送】按钮，带着附件的邮件就发送完毕了。

步骤 05 可以看到附件已经添加在邮件里，输入完信件内容和收件人地址，点击右上

9.6 在手机上管理多个邮箱

在互联网时代，很多人由于工作或生活需要，申请并注册了多个邮箱，如果要下载所有的邮箱再分别登录收取邮件就较为烦琐，这时可以利用支持多方账号登录的邮箱将这多个邮箱的账号配置在同一个邮箱里面，就可以进行多个邮箱账号的邮件收发了。

下面以 iOS 设备上的 QQ 邮箱为例，介绍多个邮箱的管理方法。首先要在邮箱内进行其他邮箱账号的配置，要在该邮箱账号的网页端（或 PC 端）开启 IMAP 服务进行授权，然后才能在手机端邮箱内添加该邮箱账号。

9.6.1 在网页端进行邮箱设置

下面以 126 邮箱为例介绍网页端邮箱的设置。具体操作步骤如下。

步骤 01 在网页端登录 126 邮箱，单击上端的【设置】按钮。

步骤 02 在下拉菜单中，选择【POP3/SMTP/IMAP】选项。

步骤 04【IMAP/SMTP 服务】和【POP3/SMTP 服务】都已经开启，这样就可以在手机端进行邮件账号的添加操作了。

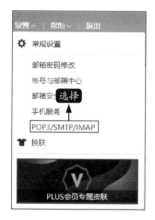

步骤 03 进入设置界面，在【开启服务】处单击【IMAP/SMTP 服务】和【POP3/SMTP 服务】右侧的【开启】按钮。

 提示 关于POP3/SMTP/IMAP的设置，不同的邮箱账号其设置也有所区别，应视邮箱账号具体情况来进行调整。

9.6.2　在手机上添加其他邮箱账号

完成了网页端的邮箱设置后，就可以添加手机端上的邮箱账号了。下面以 iOS 设备为例，介绍如何在手机上的 QQ 邮箱里添加其他邮箱账号。具体操作步骤如下。

步骤 01 打开手机上的 QQ 邮箱，点击右上角【＋】按钮，在下拉菜单中选择【设置】选项。

步骤 04 进入【账号密码登录】界面，根据界面，输入所需添加的邮箱账号名称和密码，然后点击【登录】按钮。

步骤 02 进入【设置】界面，选择【添加账户】选项。

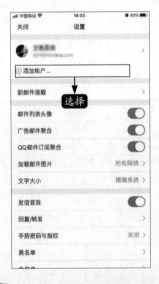

步骤 03 进入【添加账户】界面，根据需要添加邮箱账号的邮箱类别进行选择，本案选择的是【126 邮箱】。

步骤 05 返回邮箱首页，添加了邮箱账号的收件箱已在列表中。下拉界面至【账户】处，也可看到所添加的邮箱账号在列表中。

提示 以此类推，重复以上步骤，可以添加多个邮箱账号在一个邮箱中，统一进行邮件收发管理。

干货分享 1：扫描纸质文件作为附件发送

通过邮箱的扫描功能，可以直接为书本或纸质文档拍照，并以附件的形式发送。具体操作步骤如下。

步骤 01 登录手机上的 QQ 邮箱，进入【写邮件】界面，点击下方【附件】按钮，在弹出的窗口中点击【扫描】按钮。

步骤 02 将相应的文件放入扫描框内，待自动扫描完毕后，根据需要进行选择（【文字提取】【继续扫描】或【保存图片】），然后点击右上角【添加到邮件】按钮。

步骤 04 可以看到所扫描的文件以图片的形式添加至邮件附件中，然后可以根据需要进行邮件内容的撰写和发送。

步骤 03 底部弹出选择窗口，根据使用需要选择（【图片】或【PDF 文件】），本案例选择的是【图片】选项。

🔒 干货分享 2：发送群邮件

在日常办公中，经常会遇到需要给项目小组或者部门成员统一发送邮件的情况，如果将每个人的邮件地址一个个地添加，有可能出现错误，也比较耽误时间。如果项目小组或部门成员建立了 QQ 群，就可以使用 QQ 邮箱的"群邮件"功能一键发送，快捷方便。该功能必须有 QQ 账号，并且需要 QQ 群管理员开启"群邮件"功能才能够使用。下面以 iOS 设备上的 QQ 邮箱为例，介绍如何使用"群邮件"功能。具体操作步骤如下。

步骤 01 打开手机上的 QQ 邮箱，进入邮箱首页，下拉界面至【账户】处，选择 QQ 邮箱账号。

步骤 02 进入 QQ 邮箱账号界面，选择【群邮件】选项。

步骤 03 进入【群邮件】界面，可以看到该 QQ 邮箱账号收到的所有群邮件。点击右上角【写邮件】按钮。

步骤 04 进入【写群邮件】界面，根据需要撰写邮件内容，选择需要发送群邮件的 QQ 群，点击右上角【发送】按钮，即可看到该邮件群发给了所选 QQ 群的所有成员。

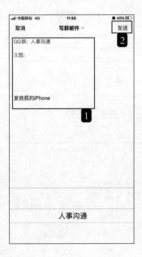

10

如何让重要日程
一件不落

现在的生活节奏不断加快，使得工作中和生活中要处理的事情不断增加。这除了要求我们不断提高工作效率以外，对我们的记忆力也有很大挑战。

以往可能一个星期的工作主要就围绕一个重点任务，而现在的工作节奏是每天都有不同的任务在等待我们去完成。

这时候，智能手机里的日程提醒功能就能发挥作用了。

10.1 如何把日程同步给同事

你的工作团队是用电子邮件通知开会吗？或者是在微信群里通知，然后等待群组成员逐个确认收到通知？通知后，是不是依然有人因忘记开会时间而迟到，使负责通知的你也被领导责怪？

或许我们应该尝试使用远程办公中的"日程同步"功能，一键把重要的日程安排同步至同事手机，这样可以免去逐个通知、逐个确认的烦琐流程，还可以避免同事们收到通知后仍然忘记日程安排的意外情况。

使用钉钉同步日程的具体操作如下。

步骤 01 打开钉钉，点击首页上方的【日历】按钮。

步骤 02 进入【日历】界面，默认显示当日日程，点击日期下方的下拉按钮可选择其他日期。

步骤 03 下拉界面，选择要安排日程的日期，如【3月16日】，然后点击界面右下方的【添加】按钮。

步骤 04 进入【新建日程】界面，依次填写【日程标题】【会议时间】【日程地点】，然后点击【邀请参与人】按钮。

步骤 05 进入【选择接收人】界面，选择【选择新的接收人】或【从群聊中选择】选项。

步骤 06 本案例选择【从群聊中选择】选项，进入群聊成员列表。依次点击要同步日程的同事，然后点击右下角的【确定】按钮。

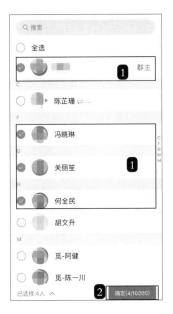

步骤 07 回到【新建日程】界面，打开【通过单聊发送邀请】选项，并在【通知】一栏选择合适的通知方式。本案例选择【电话】选项，表示该日程将会通过电话通知被邀请人。最后点击右上角【完成】按钮，即可保存日程并发送给被邀请的同事。

步骤 08 在日历中检查日程是否保存成功。

10.2 在手机日历中添加日程提醒

除了工作上的重要事件需要设置提醒以外，生活中偶尔也会有一些重要时刻需要我们牢记。"日历"是智能手机里的一项基础功能，除了可以查看日期以外，我们也可以在里面添加日程事件，使重要的事情不会被轻易遗忘。

那么，如何在手机日历中添加日程提醒呢？

步骤 01 打开手机日历，进入【日历】界面，选择要添加日程的日期，然后点击右上角的【+】按钮。

步骤 02 进入【新建日程】界面，依次在【标题】【位置】中输入内容，然后设置日程开始与结束的时间。

提示　如果该日程预计时间为一天，可以直接打开【全天】选项，不需要另外设置开始与结束的时间。

步骤 03 完成上述设置后，在【重复】一栏中可以设置是否重复提醒。

步骤 04 进入【重复】界面，勾选重复的时间或进行【自定】设置。

步骤 05 回到【编辑日程】界面，继续进行其他设置。如果日程有交通时间，可以在【交通时间】一栏进行设置，本次交通时间选择【无】选项。

步骤 06 进行【提醒】设置。

步骤 07 进入【提醒】界面，勾选提醒的时间。

成】按钮。

步骤 08 回到【编辑日程】界面，逐项检查设置的内容，确认无误后点击右上角的【完

10.3 创建闹钟进行日程提醒

如果不习惯使用"日历"功能，还可以试试利用"闹钟"功能来进行日程提醒。

步骤 01 打开手机上的【闹钟】，点击右上角的【＋】按钮。

提醒的时间，然后选择【重复】选项。

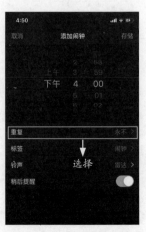

步骤 02 进入【添加闹钟】界面，选择闹钟

步骤 03 进入【重复】设置界面，勾选重复

提醒的时间。

步骤 04 回到【编辑闹钟】界面，选择【标签】选项。

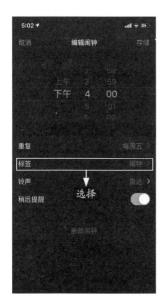

步骤 05 进入【标签】设置界面，默认为闹钟，如果需要提醒日程的话，可以在这里输入日程内容，输入完成后点击【返回】按钮即可保存。

步骤 06 可以根据需要进入【铃声】设置界面，把闹钟铃声更换为自己喜欢的类型。

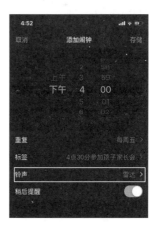

步骤 07 如果添加闹钟的时间在设定的提醒时间之前，可以打开【稍后提醒】选项。这样到了设定的提醒时间闹钟就会响起；如果关闭【稍后提醒】选项，闹钟就会在下一个重复日才会响起。

步骤 08 检查闹钟的各项设定是否正确，然

后点击右上角的【存储】按钮即可保存退出。

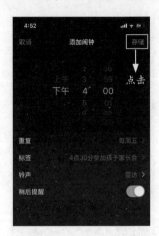

10.4 创建便签进行日程提醒

除了日历、闹钟以外，手机中的"便签"功能也可以进行日程提醒，而且步骤相对简单，还可以进行备注提醒。

步骤 01 打开手机上的【便签】，点击空白处第一行的【＋】按钮。

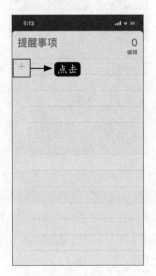

步骤 02 输入日程的标题内容，然后点击右侧的【详细信息】按钮。

步骤 03 进入【详细信息】设置界面，打开【在指定时间提醒我】选项。

步骤 04 在新出现的【提醒时间】一栏设置提醒时间，然后选择【重复】选项。

步骤 05 进入【重复】设置界面，勾选重复提醒的周期或点击【自定】进行自定义设置。

步骤 06 设置完成，返回【详细信息】界面，选择新出现的【结束重复】选项，在这里可以设置结束重复的日期，这样到了设定日期提醒便会自动结束。

步骤 07 进入【结束重复】设置界面，选择【结束重复日期】选项，然后选择日期，最后点击右上角的【完成】按钮即可保存。

步骤 08 如果需要在指定的位置进行提醒，可以打开【在指定位置提醒我】选项，然后选择下方的【位置】选项，进行提醒位置的设置。

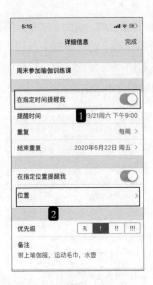

提示 这个功能需要打开手机的定位功能才能使用。

步骤09 在【优先级】中设置这条便签的优先级别，设定后便签会按优先级别的高低进行排序。

步骤10 点击【备注】下方的空白处输入备注内容，然后点击右上角的【完成】按钮即可保存退出。

步骤11 在便签中查看便签是否保存成功。

干货分享 1：事情太多，时间安排不过来怎么办？

工作时，小刘正在处理事情 A，老板却问他事情 B 怎么还没完成，还一直追问什么时候可以完成。

明明事情 A 也是老板昨天吩咐下来要尽快完成的，还说这个任务很重要，可是今天一上班，老板又催小刘要事情 B 的处理结果，小刘真的觉得自己已经焦头烂额了。

这种情况在你我的工作中可能也出现过，我们处理事情时，注意力总是容易被重要的事情吸引，想着重要的事情要赶快完成，或者是重要的事情要预留更多时间来准备，于是习惯把最重要的事情放在日程的最前面。可是这样却很容易忽略了"紧急"的事情。

事实上，我们如果要对生活或工作中的事情进行安排，应该从对事情的重要性和紧急性两方面来进行考虑，具体做法可以参照 11.2.2 小节。

干货分享 2：学会任务分解术，轻松完成工作任务

工作中，你有没有对公司分派的任务一头雾水？例如领导说这个月每个人至少要拜访 30 名客户，小 A 作为刚入职的新人，完全不知从何入手。

面对工作任务不知所措只会让人焦虑，与其被焦虑的情绪影响，不如拿起笔来，把工作任务逐步分解。

步骤 01 从时间维度上分解。

一个月要拜访 30 名客户，分解到一个月 26 天的工作时间，每天大约要拜访 1.2 名客户。

步骤 02 从空间维度上分解。

确定每天要拜访 1.2 名客户后，我们再来分解如何完成每天的任务。

因为小 A 还没有客户，所以他首先需要发展潜在客户，而发展潜在客户的方法是打企业电话，那么我们可以从空间维度上把任务分解为：拨打企业电话→发展潜在客户→转化为拜访客户。假设拨打 100 个企业电话，可以发展 5 名潜在客户，5 个潜在客户里可以转化 1~2 名拜访客户。那么小 A 这个月的任务可以分解为：每天至少拨打 100 个电话，同时要预留时间拜访 1~2 名客户。

通过任务分解术，可以把模糊的目标转化落实到每天的工作任务，再细化为工作中的详细步骤，这样不仅自己对任务的进度心里有底，当领导询问时，也能有条有理地告诉他，

这个任务目前自己已经完成了多少，剩下的部分预计什么时候能完成。相对于"应该能完成""我会尽快完成的"之类含糊不清的回答，领导当然更喜欢明确的答复。

11

自我管理：远程办公也需要
仪式感

躺在沙发上抱着手机，开着电视，旁边放着茶水零食，悠闲地写着各项工作报告——这是很多人对远程办公生活的美好设想。但是现实中，真正在家工作的很多人却没有这么惬意。

实际上，原来在公司的 8 小时工作制，变成在家随时待命，工作效率其实并没有预想那么高，还容易被各种突发状况打断，完全没有上班时精神抖擞的工作状态。另外还有作息不规律、午饭没着落、工作效率低等问题，远程办公远远没有想象那么美好。

在家办公不仅是工作环境的变化，更重要的是工作思维的转变。只有思维上更新迭代，才能更有效地提升工作效率。如果说集中办公是接受一定程度的管理的话，那么在家远程办公就要求自我管理了，这个自我管理的实现就要依靠个人的自律。

那么，在家办公如何保证高效完成工作呢？

11.1 如何快速让自己进入工作状态

不用赶公交，不用挤地铁，不用担心迟到，不必在意服饰，不必担心坐姿，不必刻意摆出某种样子。这可能是很多人曾经幻想过在家办公的好处，但是当想象成为现实，现实却不是曾经想象的样子。

在 2020 年，由于疫情防控的要求，在线远程办公成为很多企业的临时"刚需"。对很多刚开始在线远程办公的人来说，原本以为在家工作可以轻松自在，真正实行起来却发现要消耗更多时间和精力。

远程办公也需要仪式感，来让自己快速进入工作状态。在家办公如何快速进入工作状态、提高工作效率呢？

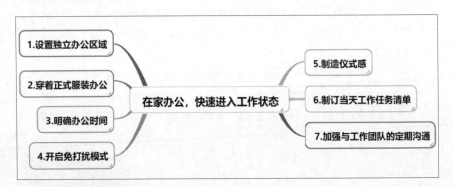

1. 设置独立办公区域

在家办公的时候，首先必须要单独划分一个安静的办公区域。这个办公区域不需要多大，一张大小合适的桌子，能够摆放计算机、水杯、笔记本、手机等一些日常办公用品就足够了。

这个办公区域不要选在像卧室之类用来休息的地方，要让工作区域远离电视机、床、沙发等。如果工作和生活不分开的话，一些自律性较差的人就很难进入工作状态，或者很快就会从工作状态中脱离出来。

2. 穿着正式服装办公

虽然是在家小公，但还是要有一定的仪式感。不要穿睡衣办公，最好之前上班时怎么穿，在家办公时也怎么穿，在家办公时要让自己有个上班的模样。开始工作前穿戴整齐，让自己正视工作，这样能在潜意识里暗示自己：我现在要开始专心工作了。

3. 明确办公时间

在家也要有上下班的概念，就像在公司上班一样，给自己设定明确的上班和下班时间。就算在家办公，上班时间、午休时间、下班时间也应和之前在公司上班时一样，该上班就上班，该午休就午休，到了下班时间就下班，一定要保持工作节奏。

4. 开启免打扰模式

在工作的时候，如果不断有人给你发信息，那绝对会对工作造成一定的影响，特别是写作方面的工作。如刚好有个想法或者有个思路，信息一来就很容易被打断。

所以，应尽可能地开启免打扰模式，防止乱七八糟的信息来妨碍自己的工作。不过应提前和经常联系的人说一句，如父母或者恋人，有条件的话，可以关闭房门，告知家人"现在是办公时间，请勿打扰"。

如果需要不停地联系客户，那么这个模式就可以忽略了。

5. 制造仪式感

制造一些有助于快速进入工作状态的仪式感，可以通过一些小动作暗示自己快速进入工作状态。例如在吃完早餐之后，冲一杯咖啡放在桌上，意味着马上要开工了。或者擦一下办公桌，听一段音乐，都可以让自己快速进入工作状态。

6. 制订当天工作任务清单

开始工作前应做一张当天的待办任务清单。每天在开始工作前，用便签列一张待办任务清单，将清单贴在显眼的地方，明确自己当天的工作任务，例如今天要联系哪些客户，完成多少进度，要写完多少页的策划方案等。

7. 加强与工作团队的定期沟通

建议提前与公司团队或同事进行沟通，试行"早会计划＋晚会总结"制度，原则上和平时上班时间一致，与公司同事一起进行"线上早会＋晚会"，让自己尽快进入当天的工作状态中。早会计划包括今天计划做的事、需要协作帮忙的事；晚会总结包括早会计划的完成情况、遇到的困难、需要的帮助等。

11.2 如何排除干扰因素，合理分配时间

在家办公的时候，由于在家庭环境中，我们有很多需要考虑的东西，例如做饭、小孩子的吵闹声、家人找你有事情，甚至是毛茸茸的小宠物，难免会让人分心，无法专注于工作。

过去人们总希望能够在家办公，如今不少人却抱怨在家办公比在办公室办公还累，效率也不高。在家办公，很多人因为没有了办公室的环境和工作节奏，往往会失去做事的节奏。这个时候，合理分配时间，掌握好的时间管理技巧就非常重要了。

首先，制订好自己一整天的时间规划，包括什么时候起床、中午几点吃午饭、午休多久，可以根据自己的生活习惯进行合理的安排。例如，以下是某人制订的一天工作时间安排表。

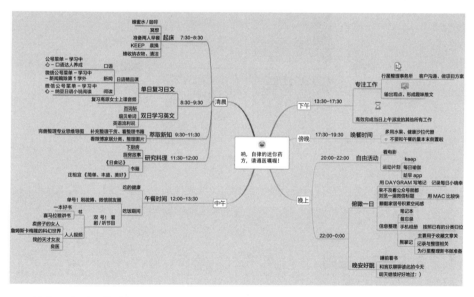

其次，应对工作计划进行合理的时间安排。这里介绍几种常用的时间管理办法。

11.2.1 番茄工作法

"番茄工作法"是由弗朗西斯科 · 西里洛于 1992 年创立的一种时间管理方法，因为创始人使用"番茄"定时器，所以叫"番茄工作法"。这部分内容将在 11.4 节进行详细介绍。

11.2.2 四象限时间法

时间管理的理论是把事情按照重要和紧急两个不同的因素进行划分，基本上可以分为4个象限。

① 重要且紧急的事情，例如客户投诉、即将到期的任务、上线危机等。

② 重要但不紧急的事情，例如建立人际关系、设计培训、制订设计规范等。

③ 紧急但不重要的事情，例如取快递、部门会议等。

④ 不重要且不紧急的事情，例如网购、闲谈、发朋友圈等。

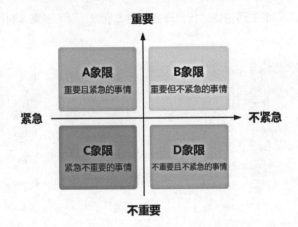

这就需要把每天的工作任务按处理顺序划分：先做既紧急又重要的，接着做重要但不紧急的，然后做紧急但不重要的，最后才做既不紧急也不重要的。

11.2.3 PDCA 法则

想要进入工作状态，就必须舍弃一部分自由时间，先把作息调整到工作节奏，严格按照上下班的时间去工作，最好列出详细的日程表，细化到每个小时，并贯彻执行PDCA法则。

PDCA 是 Plan、Do、Check、Action 4 个单词的首字母缩写，分别对应计划、执行、检查和处理。

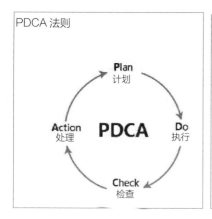

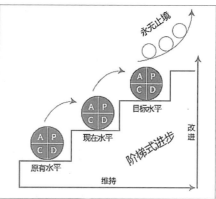

做任何一件事，都应先有一个计划（P）；然后去执行（D）；并随时检查执行过程中的问题（C）；最后分析问题产生的原因，以及列出下次改进的措施，并付诸行动（A）。通过不断地调整，再日积月累地渐进改善，最终实现质的飞跃。

这是一张结合 PDCA 法则的日计划进度表，大家可以直接套用。

PDCA日计划进度表		
年/月/日　星期	今日计划（Plan）	今日行动（Do）
9:00-10:00		
10:00-11:00		
11:00-12:00		
12:00-13:00		
13:00-14:00		
14:00-15:00		
15:00-16:00		
16:00-17:00		
17:00-18:00		
检查（Check）		
总结（Action）		

11.2.4 二八原则

将二八原则贯穿始终，并注重计划的"荤素搭配"。二八原则最早由意大利经济学家帕累托提出，他认为，在任何一组东西中，重要的只占一小部分，大约 20%，剩下的 80% 都是次要的。

工作内容也一样，总有轻重缓急之分，每一天只要能把重要的 20% 解决掉，就可以解决大部分的烦恼。

如果一味地挑战高难度的工作，很容易懈怠，导致工作的积极性下降，所以安排日计划时还得注意"荤素搭配"，将困难的工作和简单的任务穿插起来。

解决完一个困难的工作后，如果感觉疲惫，就去做几个简单的任务，增加一下成就感；或者休息片刻后再集中精力挑战下一项工作，直到问题全部解决。

11.2.5 GTD 原则

GTD 就是 Getting Things Done 的缩写，翻译过来就是"把事情做完"，是一套全面、系统并且使用广泛的时间管理方法，其方法主要分为 5 个步骤。

步骤 01 收集，其目标是清空大脑。

步骤 02 处理，也叫理清阶段，其目的是清空收集箱。

步骤 03 组织，其关键是建立清单，将收集箱的事务分门别类。

步骤 04 回顾，其目标是保障系统的有效运行。

步骤 05 执行，其关键是选择最合适的行动。

GTD 的核心理念概括起来就是必须记录下要做的事，然后整理安排并由自己去一一执行。GTD 的核心是永远要问自己下一步行动是什么，借助各类清单，管理自己的事务。GTD 很像一台全能的机器，功能全面，能覆盖生活的方方面面，但是也因为如此，它的操作需要更多时间来掌握。所以，刚刚接触时间管理的人不建议直接实践 GTD 方法，可以先使用"番茄工作法"找感觉。

时间管理的本质还是精力管理，每个人的精力是有限的，当人们在其他事情上消耗过多精力，就没有办法专注于每天的时间安排，偶尔的突发事件可以临时另作安排，但是多数精力还是要用于执行每天的时间计划。把时间花在正确的事情和正确的人身上，工作和生活才能更加从容，自律让生活更自由。

11.3 善用工具找回节奏感

在办公室办公时，同事之间可以进行面对面的沟通交流，直接明了，工作效率高。而进行远程办公时，所有这些沟通都要依靠文字、语音、视频等非面对面的方式进行"模拟"。和线下协作不同，在共同完成一项目标之前，先进行充分的、高效的沟通成为远程办公第一步就需要解决的问题。

如何在远程办公时与同事保持一致的工作节奏？如何让线上沟通更加高效？这个时候，根据具体的管理要求，选择合适的工具，尽量模拟、甚至拟真线下办公的环境，就显得尤为重要。以下根据应用的分类，介绍几种远程办公的工具，帮助人们找回工作的节奏感，提高工作沟通效率。远程办公工具包含沟通类工具、文档类工具、会议类工具、协同类工具、存储类工具等，具体内容请参照第 1 章 1.5 节。

1. 沟通类工具

企业微信（手机版）界面如下图所示。

钉钉（手机版）界面如下图所示。

在微信中建立各种微信群进行沟通，如下图所示。

2. 文档类工具

WPS Office（手机版）界面如下图所示。

Microsoft Office（手机版）界面如下图所示。

石墨文档（手机版）界面如下图所示。

3. 会议类工具

腾讯会议（手机版）界面如下图所示。

钉钉（手机版）中的视频会议功能如下图所示。

4. 协同类工具

Teambition（手机版）界面如下图所示。

5. 存储类工具

百度网盘（手机版）界面如下图所示。

11.4 让你的工作高效起来——"番茄工作法"和任务清单

使用最近比较流行的"番茄工作法",可以在远程工作时保证高效性,同时也不会很累。

1. 什么是"番茄工作法"

"番茄工作法"是 1992 年由意大利的弗朗西斯科·西里洛创立的。弗朗西斯科·西里洛曾经是一个重度"拖延症"患者,他在大学的时候就一度苦于学习效率低下,于是他做了个简单的试验,专注 10 分钟。他找来了厨房里的一个形状像番茄的厨房定时器,调到了 10 分钟来督促自己专注,后来经过若干次改进,"番茄工作法"就被发明了出来。

"番茄工作法"的理念是把整块的时间以 120 分钟为标准分成若干个大包,在大包里又以 30 分钟为标准分为 4 个小包。具体的操作规则如下。

① 一个"番茄钟"共 30 分钟,25 分钟工作,5 分钟休息。

② 一个"番茄钟"是不可分割的。

③ 每 4 个"番茄钟"后,停止工作,进行一次较长时间的休息,15~30 分钟。

④ 完成一个任务就划掉一个。

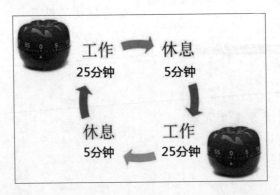

其实"番茄工作法"的核心就是列出每天的工作任务,并分解成为一个个 25 分钟的任务,然后再逐个完成。

"番茄工作法"有两个作用:第一个作用是让人们更加高效地完成任务,减少拖延,从而更好地掌握时间;第二个作用则是帮助人们专注完成当下的任务,也就是帮助人们掌控生活。

2. 怎样执行"番茄工作法"

"番茄工作法"的前期准备有两件事：一个是列出今天必须要完成的任务，另一个是预估每个任务要花费的"番茄钟"的数量。

做两张计划表，一张待办任务清单表，另一张"番茄钟"任务表。待办任务清单表上记录下所有要做的任务，而"番茄钟"任务表则是专门列出今天要完成的任务。

"番茄工作法"要求的工作计划表与传统的表格有两个差别：第一个差别是以往的计划表是一张，而"番茄工作法"要求两张；第二个差别则是推进的标志以往是完成单独的任务，而番茄工作法则是以一整个"番茄钟"为标志。

以"番茄钟"为标志有两个好处：第一个是将大个的任务拆解为"番茄钟"，有效化解大任务给我们带来的压迫感，从而缓解了"拖延症"；第二个好处是以"番茄钟"计时，能建立完成一个任务花费的时间概念，从而有效反馈工作效率。

"番茄工作法"的执行需要专注工作，无论在一个"番茄钟"内有无内部打断或者外部打断，都要保证在这 25 分钟的时间里只专注做同一件事情。

所谓的打断分为内部打断和外部打断两种：内部打断是被自己的想法打断，解决的办法是将想法写进待办清单，而不是立即做；外部打断是被外界的因素打断，解决办法是告知、协商、计划、答复。

当完成 25 分钟的"番茄钟"之后，一定要进入 5 分钟的休息时间。在"番茄工作法"中，休息的作用是很大的，学会休息才会形成工作、休息的节奏感，保证后续的"番茄钟"能够高效执行，休息的时候尽量不思考，可选择冥想、睡觉或者喝咖啡等。

进行完几个"番茄钟"，可以将预估的工作时长和实际使用的"番茄钟"的数量进行对比，从而找出预估和实际的差距和原因，将经验总结应用到下一次的"番茄工作法"中，进行持续的改进升级。

3. "番茄工作法"的原理

从设计上看，用 25 分钟倒计时的方法，可以调动人们的紧迫感，从而提升专注度；从学习周期来看，一个倒计时"番茄钟"时间和一段休息时间的配合，有助于大脑专注思维和发散思维交替使用；从学习来看，"番茄工作法"的原理来自戴明环理论。

戴明环理论常常被用于改善产品质量的过程，是指不断制订计划、实施计划、反馈检查、改进完善，最后再制订改进之后的新计划，是一个不断完善和自我进化的过程。

11.5 创意、零碎资料的整理

实行移动办公，办公场地可能是家里、可能是咖啡馆、可能是阳光明媚的海滩，身边可能有手机、笔记本电脑或 iPad。当正好有工作灵感需要记录，或者需要继续撰写办公文档，这时就需要可以随时记录创意灵感、收集零碎资料的工具。随时将临时撰写的文案记录下来进行云同步，这样无论走到哪里，都可以下载资料继续工作。

说到收集零碎灵感资料的工具和创意文案智能搜索工具，现在比较常用的有有道云、印象笔记、为知笔记、幕布、ADGuider、语雀等。一定要及时把自己日常工作的资料同步到个人云盘或云笔记上，要形成工作资料随身同步的习惯，这样只要有网络就可以开展工作。使用者根据自己具体使用情况，选择适合自己的云笔记即可。

1. 有道云笔记

有道云笔记的功能比较强大，提供 3G 免费超大空间，支持桌面版、计算机网页版、iPhone 版、Android 版、iPad 版、手机网页版这几种形式。其中桌面版支持主流的 Windows 操作系统，网页版支持各种主流浏览器，其特点如下。

① 文档管理，高效记录。支持文字、图片、语音、手写、OCR、Markdown 等多种形式，随时随地记录各种文档。全面兼容各类 Office、PDF 等办公常用文件格式，无须下载即可查看编辑。

② 收藏，精彩不错过。支持微信、微博、链接收藏和网页剪报等多种形式，优秀内容一键保存，永不丢失，搭建属于你的知识体系。

③ OCR 扫描，快捷准确。满足文档、手写、名片等多场景需求，特别支持 PDF 转 Word 功能，无须烦琐操作，一键轻松搞定。

④ 多端同步，随时查看。支持 PC、iPhone、Android、Web、iPad、Mac、Wap 等随时备份，云端同步，重要资料还可加密保存。不用担心断网或断电的困扰，任何情况都能轻松查阅。

⑤ 轻松分享，协同处理。文档一键分享至微信、QQ、微博、电子邮箱等平台。团队协作修改，实时处理更高效。

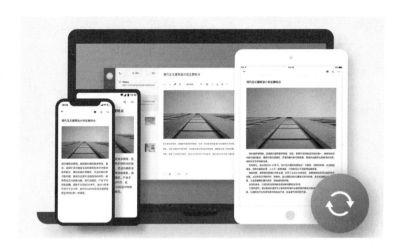

2. 印象笔记

其功能和有道云笔记差不多，支持大多数设备。在设备上安装印象笔记，可以随时随地保存和查阅信息。手机、计算机、平板全平台支持，无论是 Windows、Android，还是 iOS 系统的设备，只要登录自己的印象笔记账号，就能随时同步笔记资料，其特点如下。

① 一键保存网页。无论是微信文章、微博动态或是网页内容，都能一键保存至印象笔记。

② 管理任务清单。内置清单功能，帮助使用者更直观便捷地管理任务及待办事项，摆脱工作、生活、学习中的繁杂事务，保持专注与高效。

③ 快速梳理思路。用思维导图进行头脑风暴或信息梳理，激发灵感，还能在思维导图中关联笔记，高效关联相关信息资料。

④ 文档扫描识别。快捷清晰地扫描所有纸张，无须动手即可将名片、文件、书刊等一切纸张扫描保存，更可智能地对纸张文字进行 OCR 识别。

⑤ 智能搜索笔记。笔记、图片甚至是附件内的文字，使用智能搜索功能都可以迅速搜索到保存在印象笔记中的记录。

3. 为知笔记

为知笔记的定位是高效率工作笔记，是主打工作笔记的移动应用软件。除了具有保存网页、灵感笔记、重要文档、照片、便签等常用功能，为知笔记重点关注"工作笔记"和"团队协作"这两个方面，满足团队记录和团队协作沟通的需求。

4. 幕布

这是一款结合了大纲笔记和思维导图的头脑管理工具，帮助使用者用更高效的方式和更清晰的结构来记录笔记、管理任务、制订计划，甚至是组织头脑风暴。

5. ADGuider

这是一款创意广告案例、文案的智能搜索工具。只要在搜索框中输入任何想查的关键词，智能系统就会按品类、品牌、节日、明星、国家、奖项、类型等组合词智能搜索创意广告。

6. 语雀

这是一款高效的在线文档编辑与协同工具，让每个企业轻松拥有文档中心，是众多中小企业的首选。对主流 Office 文件全兼容，支持多人协同，轻松拥有团队知识库。

干货分享 1：完成工作日程

早上醒来第一件事，花 20 分钟写清楚今天的工作日程。不要心疼这 20 分钟，它能帮你把一天的事情安排好，什么时候该干什么事，做到心中有数，帮你节省下来的时间是远远不止 20 分钟。

工作日程应包括以下内容。

① 需提前厘清重要事项和具体工作，工作开展有明确计划。

② 有可以衡量工作量或者过程的数据。

③ 日程透明，可同步给相关人员相互协作和配合。

干货分享 2：每天写回顾笔记

每天工作结束时写回顾笔记是对自己一天的工作成果做记录和分享，在写回顾笔记的时候可以总结心得，反思教训，让自己保持优秀的同时规避错误。

回顾笔记应包括以下内容。

① 写清楚自己负责的内容的进度，有什么困难及风险。

② 连续任务需要每天写清楚当天的进展，不能只写一个任务名称。

③ 写出当天的心得并进行反思，写出明天的工作计划。

12

远程办公

实践

前面已经介绍了很多远程办公的方法和技巧，本章就跟随晓丽看看她一天的远程办公经历吧。

晓丽在一家贸易公司从事销售工作，日常的工作任务主要是发展新客户、维护已有的客户关系、跟进客户订单进度等。

公司规定的上班时间是上午 8:00~12:00、下午 2:00~6:00。

12.1 上午 **7:00~7:50**：办公前的准备

平时晓丽 6:30 起床，洗漱完毕，乘坐地铁去上班。现在实行远程办公，节约了路上的时间，所以上午 7:00，闹钟响起，晓丽才起床，洗漱完毕后，开始准备吃早餐，早餐是牛奶和面包。

上午 7:20，晓丽开始换衣服，整理仪容。虽然是在家办公，但晓丽还是坚持每天换上工作服，化一个淡妆，保持平时上班时的形象，所以至少要预留 20 分钟的整理个人仪表时间。

7:40,整理个人仪表完毕，晓丽走到书桌前，开始整理书桌,并接了一杯热水,放在桌旁。

12.2 上午 **7:50~9:00**：整理资料并参加视频会议

上午 7:50，晓丽打开计算机，同时拿出手机，登录钉钉，考勤打卡。

上午 8:00~8:30，晓丽简单整理了前一天的资料，包含 3 个方面。

① 列出前一天的工作成果。

② 列出前一天工作中遇到的难题，以及需要领导确认的问题。

③ 列出当日的工作计划，如果是周一，还需要详细列出本周的工作计划。

2020年3月17日工作计划	
1	向客户发送问候短信。
2	跟进陈总公司的订单生产进度。
3	协助马总公司处理订单售后问题。
2	整理新产品的资料。
3	为新产品筛选潜在的客户。
4	为新产品制定销售方案。

晓丽列出问题后，仔细检查问题，考虑是否有遗漏，并且准备在 8:30 开始的视频会议中汇报工作并与同事及领导讨论解决方案。

上午 8:28，进入部门的视频会议，在会议上晓丽以及同事分别向部门经理汇报工作进度以及今天的工作计划。

之后开始提出遇到的问题，并与同事及领导探讨。由于晓丽及同事遇到的问题都比较多，并且讨论激烈，预计 9:00 结束的视频会议，延长至 9:15。

12.3 上午 9:15~12:00：远程办公

上午 9:20，会议结束后，晓丽打开"番茄土豆"软件，输入今天的第 1 项工作任务——向客户发送问候短信。

上午 10:00，完成第 1 项工作任务，接下来，晓丽打开了钉钉，打开任务清单界面，开始进行第 2 项工作任务——跟进 OAT 公司的订单生产进度。

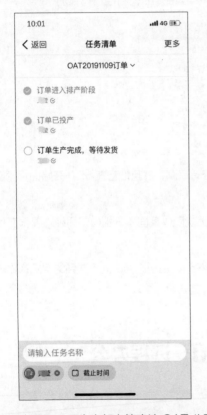

晓丽和工厂生产部主管确认 OAT 公司的订单生产进度，确认该订单能够按合同约定时间如期交货，于是在微信上给 OAT 公司的陈经理回复了订单进度。

沟通过程中，陈经理说公司现在打算订购一批新产品，如果可以的话，希望明天到工厂实地考察一下生产环境和产品质量。于是晓丽和陈经理约定明天上午 10 点在工厂见面，陪同陈经理参观新产品的生产车间，然后她把这个日程添加到钉钉日历中，并发送给生产部主管。

上午 10:30，晓丽完成了今天的第 2 项工作任务。工作 1 小时后，晓丽准备休息一下，她站起来走到窗边伸展四肢一下，活动活动筋骨。

休息 15 分钟后，晓丽打开电子邮箱，开始第 3 项工作任务——协助 CRYS 公司处理订单售后问题。

突发状况一：随时可能受到家人或其他因素干扰

晓丽正准备着手开始第 3 项工作时，妈妈突然开门进来，和晓丽说今天中午有事出门，让晓丽自己在家解决午饭，晓丽回应说："好。"然后准备开始新工作，这时妈妈的声音又在门外断断续续地响起，她告诉晓丽冰箱里有哪些蔬菜和肉类，然后又逐一说了每一样蔬菜和肉类要如何处理。晓丽不得不停下手中的工作，对妈妈的话做出回应，十多分钟过去了，妈妈终于说完了。晓丽准备继续工作，刚刚开始有头绪，这时妈妈又喊了一声："好啦，我出门啦，你自己照顾好自己。"晓丽只好再次停下手中的工作回答妈妈说："好的！"

终于等到妈妈出门，晓丽心想终于可以安静工作了。结果不到 10 分钟，手机又响起了，原来是快递到了，晓丽只好出去签收快递，这时，"番茄钟"已经将近过去 20 分钟了，而晓丽给客户发送短信的任务还没有正式开始呢。

> **提示**　远程办公与在办公室办公最大的区别就是工作环境的改变，在办公室里公司为了保证工作效率会提前屏蔽有可能干扰工作的因素，例如规定员工上班不能干与工作无关的事情，家人意识到你在公司上班也会自觉地尽可能不打扰你，快递即使寄到公司也会存放在门卫室或公司前台，不用你出门取快递，在这样的环境中工作的思路是连续的，不会被轻易打断，但在家办公却很难保证不被打扰。

如果我们在家办公受到了家人的干扰，不妨与家人"约法三章"。

① 明确告知家人自己的办公时间，可以在房间门上贴一张纸，列出自己的办公时间，以此提醒家人办公时间不要轻易打扰自己。

② 非紧急重要事情，尽量通过留言的方式交流，如晓丽妈妈出门前的嘱咐，就可以通过留言的方式写下来。

③ 办公时段，在不影响家人生活的前提下，应尽可能提醒他们避免电视、音箱等电子

设备外放声音过大。

工作过程中接到快递电话也是一件比较烦扰的事情，尤其快递较多的时候，这种情况可以在网上订购时备注快递直接送到门卫室，避免频繁接到快递员的电话。

接下来的工作中，晓丽首先仔细阅读 CRYS 公司在电子邮件中提到的问题。

然后和售后部的同事逐一确认售后问题的处理方案以及处理进度。

最后，在电子邮件中回复了本次售后问题出现的原因和处理方案，希望 CRYS 公司能够谅解。

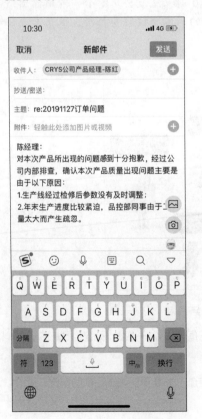

上午 11:35，晓丽完成了第 3 项工作任务，给自己续了一杯茶，准备短暂休息 5 分钟。这时石墨文档提醒有新消息，原来是人事部同事发来的一份销售部 2 月份的交通费用补贴金额文档，需要销售部每个人核对表格中自己的补贴金额是否正确，正确的话在最右侧一栏输入"正确"，并输入自己的名字。

上午 11:40，晓丽打开公司新产品的资料进行详细阅读，并打开思维导图，对新产品的优缺点、适合客户类型等分别做了分析和备注，然后与市场同类型竞争产品做出对比。原本中午 12:00 准备结束上午的工作，结果延迟到了中午 12:15。

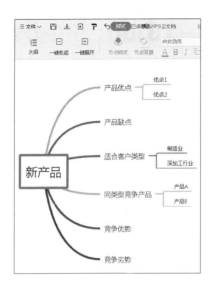

12.4 12:15~14:00：午饭及休息时间

中午了，由于妈妈出门了，晓丽只能自己准备午饭。看着冰箱里的蔬菜，晓丽觉得从准备到做饭、吃饭、洗碗，需要一个多小时的时间，时间上有些紧张。

所以她只好煮了速冻水饺，这时，晓丽有些怀念公司的食堂。

用了将近 40 分钟解决了午饭问题，晓丽开始休息。

12.5 14:00~18:00：下午办公时间

13:50，晓丽提前来到办公桌前，准备开始下午的工作。

下午的工作任务主要是继续对新产品资料进行整理和分析，然后寻找潜在客户，制定合适的销售方案。

13:55，晓丽打开邮箱，看到了 CRYS 公司的采购经理发来邮件，希望核对一下本季度的订单采购金额以及付款未发货的金额，于是晓丽在微信上与跟单员联系，希望跟单员把 CRYS 公司的订单情况统计出来。

可是十多分钟过去了，跟单员还没有回复信息，晓丽又在钉钉上向跟单员发信息，跟单员还是没有回复。

突发状况二：需要同事协助时找不到人

在办公室喊一声就能解决的问题，远程办公时却常常需要在找人方面花费更多时间。晓丽正在着急时，CRYS 公司的采购经理又在微信上询问什么时候可以把订单情况统计出来。

晓丽想起公司最近要求各部门每天下班前把相关的资料备份到公司云盘，以防止资料丢失。于是晓丽从公司云盘中打开销售部的文件夹，从跟单员的文件夹中找到了"CRYS 公司订单统计表"，她马上核对一遍统计表，再把刚才处理的售后订单情况更新上去，终于可以回复 CRYS 公司的采购经理了。

> 提示 由于远程办公的沟通成本比面对面办公要高出很多，在工作过程中，"身兼数职"已经成为远程办公人员的常态。对此我们可以做的唯有走出舒适区，不断扩大自己的能力边界，以应对可能出现的各种突发状况。

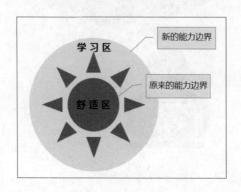

14:30，晓丽打算和部门经理讨论一下新产品的销售方案，希望能从经理那里得到一些意见或建议，于是在微信上把整理好的思维导图发给经理。但是问题出现了，经理似乎对晓丽的思维导图没有完全理解，两个人在微信上的交流完全达不到晓丽想要的效果。

突发状况三：信息沟通不在同一频道上

晓丽和经理在微信上的沟通有点混乱。晓丽在向经理阐述新产品的竞争优势时，经理却对目标客户筛选的标准提出了疑问，晓丽只好暂停阐述竞争优势，向经理解释目标客户筛选的标准。途中经理又想起上一次晓丽说的客户分类技巧，希望晓丽能够做一个 PPT，在下一次部门会议中向其他同事介绍这个技巧，于是两人又讨论到了会议 PPT 的内容……

 刘晓丽　　 部门经理

差不多半小时过去了，可是晓丽和经理关于新产品销售方案的讨论还没有进入正题，晓丽决定向经理提出视频通话的请求。通过视频通话，话题终于围绕新产品的销售顺利展开了，过程中经理提出的疑问晓丽也通过屏幕共享、思维导图等方式快速向经理做出了回答。

提示 文字类的信息交流沟通通常不适合用于讨论性场景，因为讨论性场景中人们的思维处于发散状态，利用文字进行沟通容易出现信息混乱或错过重要信息的状况。所以讨论性场景下，更适合进行视频通话、语音通话，再配合屏幕展示功能展示重点信息，这样更有利于信息的交流和更高效率地解决问题。

16:30，晓丽完成了新产品的销售方案，打开微信，通过标签找到"制造业客户"，向客户发送新产品的资料和样品视频。

12.6 18:00~18:50，结束当天远程办公

客户收到新产品的资料后，陆续发来信息咨询新产品的相关情况，直到 18:00 还没有结束。为了解决问题，晓丽选择继续工作，终于在 18:35 结束了沟通工作。

18:35，晓丽结束了当天的工作，打开电子邮箱准备开始写今天的工作总结。这时却发现邮箱系统似乎登录不了，线上询问其他同事后，他们也遇到了这种情况，但部门经理明天要和总经理做汇报，所以今天的日结报告十分重要，这可怎么办呢？

突发状况四：工作邮箱系统出现故障，日结报告无法发送

这时，有同事提议："钉钉里也有日结报告、周结报告的功能，不如在钉钉系统里填写日结报告来发送给部门经理吧。"

部门经理一听，表示可以执行，于是晓丽打开钉钉，开始填写日报。

这个功能是晓丽以前从来没有使用过的，遵照同事的指引一步步尝试，发现也并不复杂。

步骤 01 打开钉钉，点击界面下方的【工作】按钮，进入【工作台】界面，点击【日报】按钮。

步骤 02 进入【日报】界面，根据每个区域的标题逐项填写相关的情况，还可以根据需求插入图片、文档等内容，填写完成后，下滑界面。

步骤 03 点击【日志接收人】右侧的【添加】按钮。

> **提示** 如果希望日报通过聊天窗口发送给对方，可以勾选下方的【日志转聊天】选项，对方打开钉钉后在首页的聊天窗口即可打开日报进行查看。如果不勾选此选项，日报会在工作后台发送给对方，避免对方收到太多的聊天信息提醒。

步骤 05 回到【日报】界面，点击右下角的【提交日志】按钮，即可把日报保存并发送给指定接收人。

步骤 04 进入【选择日志接收人】界面，选择日志接收人，然后点击右下角的【确定】按钮。

提示 以钉钉的"日报"功能为例，除了可以像电子邮件一样插入图片、附件以外，作为日志的接收人，还可以进入该员工的日志界面，翻看该员工以往填写的所有日志，避免进行电子邮箱中的标签分类等烦琐步骤。

通过电子邮件进行日常的工作汇报是我们以往常用的工作技巧。随着办公软件的发展，许多办公软件涵盖的功能十分丰富。如果你也有远程办公的需求，花一点时间找到适合自己的办公软件，相信将会对工作效率有很大的提升作用。

终于把日报成功发送给部门经理了，晓丽进入钉钉的考勤打卡系统，点击【打卡下班】，然后把办公桌收拾好，关闭计算机。

此时已经 18:50 了，晓丽觉得有些疲惫，但结束了一天工作，剩余的时间便可以休息了。

干货分享 1：巧用微信"收藏 + 笔记"功能

微信是目前人们日常使用频率较高的社交软件，微信收藏中的笔记功能集图片、文字、录音、附件、地图于一体，非常实用，不逊色于第三方笔记软件。当人们在外移动办公的时候，可以巧用微信的"收藏 + 笔记"功能，进行简单的文档和日程记录，并且还可以进行同事之间的文件分享。

步骤 01 登录微信，点击进入【我】界面，选择【收藏】选项。

步骤 02 进入【收藏】界面，点击右上角【⊕】按钮。

步骤 03 进入笔记的编辑界面。在进行笔记编辑时，可以上传手机内相片、拍照、添加所在的地理位置、录制语音、添加各类项目编号等。最实用的就是录制语音功能，相当于做录音笔记。笔记编辑完毕，就自动保存至【收藏】栏里。点击右上角【…】按钮可以进行分享。

步骤 04 在底部弹出的选择窗口中，根据使用需要选择分享对象（【发送给朋友】【分享到朋友圈】等），本案例点击【发送给朋友】按钮。

步骤 05 进入【选择一个聊天】界面，根据使用需要，可以创建一个新聊天群进行发送，也可以选择现有的聊天群进行发送。

因此，可以巧用微信的"收藏 + 笔记"功能进行简单、临时的办公文档编辑和分享。

🔓 干货分享 2：利用微信标签分类客户

微信已经成为我们工作和生活中重要的社交工具之一，工作上许多企业客户都习惯通过微信进行联系，客户人数多了可能会在寻找联系人方面花费更多的时间。

　　这时候可以利用微信的"标签"功能对客户进行分类，这样在微信上联系客户时效率就可以大大提升。

步骤 01 打开微信，点击下方的【通讯录】按钮，进入【通讯录】界面，然后点击【标签】按钮。

步骤 02 进入【标签】界面，点击【新建标签】按钮。

步骤 03 在【标签名字】栏输入标签名字，然后点击【添加成员】按钮。

步骤 04 从通讯录中选择联系人，然后点击右上角的【完成】按钮。

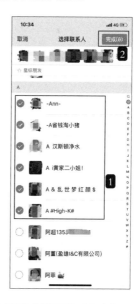

步骤 05 回到【常用联系客户】界面，点击右上角的【完成】按钮即可保存退出。

通过"标签"功能把联系人分组，可以使我们在查找联系人或者分组发送信息时更方便。